图1　北京　颐和园佛香阁

图2　苏州　网师园

**图 3　罗马　圣彼得大教堂外观**

**图 4　威尼斯　圣马可广场内景**

图 5 北京 国家大剧院

图 6 北京 奥运会体育场

**图 7** 迪拜 哈利发塔

**图 8** 迪拜 帆船酒店

**图 9** 毕尔巴鄂 博物馆

普通高等教育土建学科专业"十二五"规划教材
高校建筑学专业规划推荐教材

# ARCHITECTURAL ART

## 中外建筑艺术

刘先觉　编著
杨晓龙　参编

# IN CHINA AND

# OTHER COUNTRIES

中国建筑工业出版社

# — Preface —

## 一前言一

　　这本《中外建筑艺术》是一本有关建筑艺术的科普读物，也是一本学习建筑艺术知识的入门之书，它是在已出版的《建筑艺术世界》的基础上增加部分新的内容重新修订而成的。世界在发展，建筑艺术也在与日俱进，而建筑艺术作为人们日常最密切的实用艺术更值得我们关注。本书就是要让读者了解建筑艺术在我们社会中的地位与作用，知道如何鉴赏建筑艺术，从而提高对建筑艺术的文化素养，共同策划与建设适宜人居的美好城市与生态环境。为此，作者在阐明建筑学的意义的基础上，着重介绍了西方、东方和中国建筑艺术的精粹，并对当代建筑的特点进行了客观的评介，同时也对建筑艺术的发展趋向作了科学的分析。由于建筑是科学技术与应用艺术结合的产物，因此，本书附有丰富的插图和新颖的图片，能使读者获得一个比较具体的生动形象。

　　建筑艺术真是一个五彩缤纷的世界，了解它不仅可以获得美的享受，可以看到建筑科技创造的奇迹，能够使我们得到鼓舞，同时也可以为自身创造舒适的环境。本书既可以供一般读者增加建筑艺术的知识，也可以对专业读者起到参考借鉴作用。

刘先觉　于东南大学

2013.11.1

# Contents

# 第 1 章  什么是建筑艺术

　　我们的世界充满着建筑，从城市到乡村，从北国到南方，凡是有人烟的地方，到处都能看到建筑的身影，它为我们提供了生活、学习、工作、生产、娱乐、体育、政治、经济和宗教的活动场所，使人类社会在建筑的保护下得以健康地发展。今天，任何人都已离不开建筑，它成了我们生活中不可缺少的亲密伙伴。建筑虽然对于人类具有重要的意义，但是如果处理不当，它也会对人类产生不良的影响。建筑过密过高的街区，往往不仅使许多地段终年不见太阳，阴暗压抑，而且造成交通拥挤，空气混浊，对人们的生活健康都会带来极大的危害。因此，认识建筑的本质，掌握建筑的特点，了解建筑艺术世界的广泛成就，关注建筑艺术的未来，已成为与每个人切身关心的话题。

## 1.1  建筑的概念

　　建筑是一个广阔的世界，也是一门古老的学科。从广义上来讲，建筑学研究的范畴可以包括整个区域规划、城市建设、生态环境、居住小区、工业场地、村镇布局、风景园林等方面，建筑业已成为国家基本建设的主力军，象征着一个国家经济实力的水平。从狭义来理解，建筑学主要是研究各种建筑类型的建筑设计、建筑技术、建筑历史、建筑理论、建筑艺术等方面的有关内涵。一般我们日常谈论的住宅、商店、医院、学校、办公楼、会堂、剧院的好坏美丑，都是指这后一种涵义的范畴。如果某个住宅区环境优雅，室内布置宽敞，外部造型美观，往往就能给人以很大的吸引力。

　　建筑既是一项巨大的物质产品，具有很强的技术与经济要求，同时，它也是一件实用的艺术品，具有丰富的感染力，它能使你顶礼膜拜，也可以使你感到亲切温馨，这就是建筑的双重性特征，也是与一般烟囱、水塔、井架、碉堡、桥梁等构筑物的不同之处。

　　建筑作为一件技术产品，其高度在现今世界上已超过 100 层，跨度已经超过 200 米，这不能不说是人间的奇迹。这种奇迹必然与材料、结构、施工、设备有着密切联系。不同的建筑需要不同的材料和结构，不同的材料和结构也会建造出不同效果的建筑形象，超高层建筑或摩天楼需要用钢结构或钢筋混凝土结构来建造，相反，在园林中用砖木结构建造的亭、廊、轩、榭则更为适宜。随着当代建筑功能的日益复杂，结构的日新月异，对于施工与设备的要求也不断提高。为了加快施工速度，目前已创造了七天一层，甚至三天一层的好记录，并且使各种高新技术的结构、设备能够得以实现。正是由于快速电梯的发明，才使高层建筑的发展成为可能。我们不能想象，在没有电梯的情况下，人们愿意爬多高的楼层。建筑中的设备，除了电梯之外，还包括上下水道、空调系统、电讯系统、防火设施的配置。近年来，随着高科技的发展，在某些高标准的建筑中还安装了智能化系统，使建筑中的许多功能都达到了自动化的程度——办公自动化，设备自动化，消防自动化，温度自动化，照明自动化都已从理想变为现实。不过，这一切最终都还是要由人来设计和控制的。

建筑作为一种实用艺术，它的体量最大，接触的人最多。它的形象决定着一座城市的面貌，也影响着千百万人的心灵感受。它的艺术感染力往往会成为一种无声的精神力量，成为表达思想文化的象征，也成为时代精神的标记。许多人曾赞美"建筑是凝固的音乐"，说明了建筑既有主题，也有韵律；既能有和谐的乐章，也能有雄伟激昂的节奏；它能令人陶醉，也能令人肃然起敬。建筑艺术与建筑技术是一对统一的整体，二者永不分离，只有建立在建筑技术基础上的建筑艺术才能体现真正建筑艺术的特色。纪念碑与纪念建筑群的形象将永远铭刻在人们心中，宫殿的富丽堂皇不禁会使人追忆昔日帝王的权威，小小的亭台楼阁不由地会使你静静地欣赏诗情画意的乐趣。这就是建筑艺术的魅力，也是建筑美的感召。

任何建筑艺术的形象最终都要取决于人们的设计水平，古代主要是由专业的能工巧匠来主持，他们凭着世代相传的经验与技巧，使建筑设计与技术水平不断提高，后来出现了建筑师和掌管建筑工程的官职，则使建筑的发展逐渐走向了科学化与规范化的道路。由于世界各个地区文化发展的不平衡性，建筑文化的发展也具有很大的差异。早在公元前三千多年，古埃及人就已经会用正投影绘制建筑物的立面和平面图，公元前 16～前 11 世纪的新王国时期就有相当准确的建筑图样遗留下来。在公元前 1792～前 1750 年，古巴比伦王国汉谟拉比统治时期所制定的汉谟拉比法典里，就记载着工程主持人有权得到法律规定的报酬。但如因房屋不固，屋塌致房主于死，则为人筑屋其人处死刑。若致房主之子于死者，其人之子以死抵命。不难看出，这时房屋设计人已有了规定的权利和责任。到公元前 5 世纪，在建造著名的雅典卫城建筑群时，已有了明确的建筑师，其中依克提诺和卡利克拉特就是最杰出的代表，他们使帕提农神庙的艺术造型成为千古绝唱。到公元 1 世纪罗马帝国时期，建筑师的职业已很普遍，其中最有名的要算维特鲁威了。到 15 世纪以后的意大利文艺复兴时期，欧洲的建筑师职业更是兴旺发达。阿尔伯蒂、维尼奥拉、帕拉第奥、斯卡摩齐等人都是一代宗师，成为后人学习的榜样。

中国在公元 1100 年曾有北宋后期主管工程的将作少监李诫，奉敕编修了《营造法式》，公元 1103 年刊印颁发。这部书是在继承和总结古代传统的基础上，根据当时工匠的成就、经验而制定的，它为官方建筑的设计、结构、材料和施工的质量规范提供了保证，也是目前我国保存下来最早最完整的一部建筑专著。到 1733 年，清朝政府颁布了《工部工程做法则例》，则进一步使官式建筑趋向标准化，但同时也不可避免地使建筑造型与结构做法失去了灵活性。到了近现代时期，新型的建筑师已逐渐摆脱了传统的羁绊，为建筑开辟了丰富多彩的百花园地。

## 1.2　建筑艺术的起源

在法国南部蒙蒂尼亚郊区的山野里有一个从不被人注意的山洞，1940 年的一天，几个孩子钻进这个狭窄的山洞去寻找他们的小狗，忽然发现山洞里面有一个大岩洞，长达 180 米，洞顶、洞壁上面布满了红色的、黑色的、黄色的、白色的鹿、牛和奔跑着的野马。这一意外的发现，震动了当时的考古界，原来这就是埋没了一两万年的原始人的艺术，这个山洞就曾是原始人聚居的地方，山洞于是被命名为拉斯科洞窟，闻名世界。

由于人类的祖先在远古的时候没有住房，为了防止风霜雨雪和猛兽的侵袭，他们只有居住在天然的山洞里或栖居在大树上。还是这些原始人，不仅需要有安身的地方，同时也有了美好的向往，他们需要庆祝狩猎的丰收，也要祈求上天和图腾（动物神）的保佑。于是他们开始装饰他们的居所，壁画便是他们最早使用的方法之一。他们把自己美好的愿望都充分地表现在这些壁画上，这便是艺术的起源。也许当时的画师们认为，画在洞壁上的野牛、野马、野鹿有一天就是他们所需要的猎获物，画上刺伤的野兽就能祈求下一次捕猎的成功。这些绘画与祈求丰收有关，与住所的装饰有关，但它毕竟不是生活的记事，而是一种对于狩猎生活的艺术想象，一种美感的抒发。在拉斯科洞窟中的壁画，规模十分巨大，动物的形象画得非常逼真，轮廓准确，线条粗健有力，有些动物奔跑的动态更是画得栩栩如生，如果不是亲身的体验和认真的观察是很难画出这些生动场面的。即使是现代的画师，如果没有一定的体验也难以画得那么生动和逼真。

除了拉斯科洞窟之外，在法国还发现有著名的封德哥姆洞，洞内路线迂回复杂，在深长的岩壁上也有原始人绘的壁画，这是旧石器时代的装饰艺术。壁画在洞中断断续续，总长度达到 123 米，其内容与表现方法和拉斯科洞窟颇为相似。另外，在西班牙的山丹得尔省也发现过一个阿尔太米拉山洞，洞顶和洞壁上画满了红色、黑色、黄色和暗红色的野牛、野猪、野鹿等动物，总共有 150 多个，它们形象生动，同属于公元前 1.5万年旧石器时代的绘画艺术，其性质和思想表现与拉斯科洞窟可谓异曲同工。当然，此类的例子在世界许多地方还有发现。

从上述这些山洞壁画装饰中，我们可以看到人类从最早有居所开始，就产生了艺术的要求，装饰艺术就像孪生兄弟一样伴随着建筑的发展，并逐步形成为综合的建筑艺术和空间的艺术。

## 1.3 建筑艺术与美

### 1.3.1 建筑艺术

建筑既然作为一种艺术，那么它是怎样来反映自身艺术特色的呢？它是否可以像一般纯艺术作品那样有表现和表达的功能呢？在这个问题上，许多哲学家和美学家都试图做出解答，结论是"表现"不适于建筑艺术，建筑语言只能表达某种抽象的涵义。因为一件纯艺术作品能够表现主题思想，描述某种外部场景，而建筑艺术则不能具体表现某一主题的内容，也不能再现某一主题的具体形态。例如一座纪念堂，内部的雕像可以生动地表现出某位伟人的生前形态，使人得到具象的心灵感受，而作为纪念堂的建筑则只有通过其庄严稳重的体形，表达出抽象的纪念性和不朽精神。这种建筑的表达精神需要通过建筑艺术的升华，通过艺术的抽象与隐喻才能达到。从这里可以说明，一名建筑师需要有更多的抽象艺术思维，才能使建筑升华到艺术的境界。

建筑艺术的表达方式是多方位的，它可以对城市艺术形象、建筑群艺术、单体建筑造型、建筑细部、室内设计、建筑空间、建筑环境艺术都作出显著的反映。

城市艺术给人们印象最深的往往是它的街道、广场、城市轮廓线、标志性建筑以及绿化等，其中街景是人们接触最多的一种，它的形象对城市艺术的效果也最重要。在有些城市的街道中，虽然许多单座的建筑看起来都各有特色，也能表达出建筑物的个性，但是由于缺乏总体规划，往往各种风格和不同高度的建筑堆砌在一起，不仅给人以压抑感，而且造成了街景的杂乱无章。当代的纽约就是最突出的例子，有人称它是"不可救药的城市"，确实，它充分反映了资本主义制度疯狂的占有欲，而不考虑社会的公共效益，城市艺术必然也会反映这一社会性质。相反，有"花园城市"美称的瑞士日内瓦，那里的街道景观和谐秀美，尺度适宜，城市轮廓起伏如画，屋宇疏密相间，再加上远处湖光山色衬托，往往令人心旷神怡，流连忘返。城市广场和标志性建筑也是城市艺术的重要组成部分，它可以为一座城市的艺术形象起到画龙点睛的作用，例如巴黎的凯旋门广场和埃菲尔铁塔，已经成了巴黎城市艺术形象的标志。

建筑群的艺术是由一组建筑来表达其艺术效果的，这种方式在中国传统建筑布局中表现得最为广泛——北京的故宫、天坛，曲阜的孔庙，以及许多四合院住宅等，都表达了建筑群体的艺术特色。在国外，著名的雅典卫城、威尼斯的圣马可广场、巴黎的凡尔赛宫不仅是全世界游客的向往之处，而且是所有建筑师心目中崇拜的建筑艺术圣地。这些建筑群以其庄严、华丽、和谐、均衡的艺术形态形成为世界建筑艺术的范例。许多世界著名的建筑大师都先后来过这里，仔细地体会和揣摩这些建筑群的艺术精髓，往往激动不已。现代建筑四大师之一的密斯·凡德罗曾在七十高龄时还再次来过雅典卫城，为了欣赏它不同时间的美，他曾在日出之前就来到卫城，直至日落方归。建筑艺术的魅力真是无可比拟。

单座建筑的艺术造型是建筑艺术表达的主要方式，一座建筑的外观能直接给人以强烈的艺术感受，欣赏还是厌恶，沉重还是轻快，都是人们对建筑艺术形象的评价。希腊、罗马古典建筑的严谨端庄，哥特教堂的崇高向上，佛教寺院的清净洒脱，古埃及建筑的雄伟神秘，文艺复兴建筑的温文尔雅，现代建筑的新颖明快，当代建筑的奇光异彩等，都是建筑艺术的反映，它使我们的世界在自然美的基础上又添加了一份人工美。任何人都希望我们生活在漂亮舒适的建筑中，每天看到的都是赏心悦目的建筑，这样也会促使我们对生活更加热爱和对工作更加充满信心。设想一下，成日工作和生活在贫民窟里的人，每日接触的都是恶劣的建筑环境，他们还能激发出对世界的爱吗？建筑艺术不仅能起到美化环境的作用，而且还能净化人们的心灵，激发人们对美好世界的追求。

建筑表面的细部装饰和室内的设计同样是建筑艺术的组成部分。一座建筑的成败与否，不仅要看它的总体效果，而且还与它的细部处理以及室内设计息息相关。每件世界建筑名作都必然是全面的艺术作品，从希腊的帕提农神庙到现代美国建筑大师赖特所做的流水别墅，无一不是整体与细部紧密结合的典范，也是室内设计的艺术杰作。当今有一些建筑往往只注重形体效果，而忽视了对细部与室内的考虑，以致建成之后使人感到远看"一朵花"，近看"粗乱差"的印象。细部与室内设计是建筑艺术的深化，只有认真处理使其与整体造型和谐统一，才能使整座建筑的艺术效果增色，甚至还可弥补建筑整体造型的缺陷。

建筑的空间组合与环境设计同样属于建筑艺术的范畴。空间组合可以分为外部空间与内部空间两种类型，外部空间常见的有封闭式广场、庭院等，内部空间组合主要表现为建筑内的空间构成，它的尺度、比例、形状、闭合都是艺术的体现。威尼斯的圣马可广场与罗马的圣彼得教堂广场，正是因为其空间处理得富有韵律，才使人们叹为观止。建筑内部空间给人的印象也毫不逊色，例如巴黎圣母院内部空间高耸神圣的效果，就无时无刻不牵连着祈祷者的心灵。现代建筑的流动空间、开敞空间、通用空间也都以各自的手法获得了新颖的特色。建筑的环境艺术也是建筑的背景艺术，我们常说"牡丹虽好，还要绿叶扶持"，建筑同样要有适当的环境衬托，才能显现出建筑艺术应有的效果。正是由于有些开发区注意了环境设计的效果，使许多高层和多层花园住宅区受到人们的青睐，并不断在经济上升值。

### 1.3.2　建筑的美

建筑具有艺术的特性，同时也有美的要求。但有时一件艺术作品可能很有艺术表现力，但却并不美，建筑艺术作品同样也会出现这种情况，因为建筑艺术是要表达某种建筑的内在涵义，而建筑的美则是表达形体的和谐精致，二者可以统一，有时也会分离。前面已经分析了建筑艺术的特性，知道了建筑艺术与美的关系，但是我们又怎样来体会建筑美的表达呢？意大利文艺复兴时代的著名建筑理论家阿尔伯蒂在他的著作《论建筑》中写道："我认为美就是各部分的和谐，不论是什么主题，这些部分都应该按这样的比例和关系协调起来，以致既不能再增加什么，也不能减少或更动什么，除非有意破坏它。"实际上，建筑的美就是由"恰当，匀称，表达，优美"的概念来反映的。因此，要使一座建筑获得美感，首先要注意到它的完整性，就是说，不仅仅从功能和结构的角度来考虑，而且要从建筑物所能产生的各种视觉意义来考虑。不论建筑审美的目的如何，它都应该领悟建筑各部分的和谐与建筑的整体特征。

那么我们是否能在审美的过程中引入一个纯客观的概念呢？许多哲学家包括康德认为不能。的确，因为这种讨论的对象通常都是经验，一个审美论据只有当别人具有共同的经验时才能使人信服地接受。但是，没有纯客观的审美标准不等于没有规律，审美是一个思维过程，也是一个文化的升华过程，只有当人们的文化背景比较接近时，人们的审美情趣才会逐渐趋向一致，这也就说明了审美教育的必要。从审美的经验来看，任何历史上著名的经典之作，它们仍然都反映出一些美的规律可寻。这些规律是抽象的、灵活的、辩证的，只有恰当地应用才能取得良好的效果，这就是中国所谓的"有法无式"，也是西方所谓的"恰当、和谐"。

建筑美的规律主要体现在各种美学元素之中，概括起来，大致有：主题、重点、比例、尺度、韵律、和谐、对比、衬托、对称、均衡、隐喻、虚实、质感，等等。这些抽象的美学元素如果能使用得当，就有可能创造出令人欣赏的优美建筑。在西方古典时期，最佳的比例往往被认为是黄金分割比，它是用几何作图做出的内在规律，比例大致为 1 : 1.618，在 15–17 世纪的欧洲文艺复兴时期，这种比例关系曾被奉为金科玉律。

希腊古典时期建造的帕提农神庙，虽然遗留下来已有两千四百多年，建筑物本身也已历尽沧桑，但是正因为它蕴含着丰富的美学规律，至今仍被世界上尊为建筑艺术的王冠。它的主题突出，比例尺度恰当，构图均衡和谐，细部雕刻装饰精美，视差处理深入细微，不愧为建筑师学习的艺术典范。

当代建筑随着时代的发展，审美观也在变化。今天除了上述的比例、尺度、对比、均衡等美学元素之外，更注重空间的处理和建筑艺术的隐喻效果，并强调主观的审美见解和建筑构图规律的结合，因此，也就促使了当今在建筑艺术领域里流派纷呈的局面。

有时，审美的效果也会被误认为是实际的需要。例如现代玻璃幕墙建筑，看起来好像是为了争取更多的采光，实际上室内完全不需要那么多的采光面积，这完全是现代审美的需要。相反，过多的采光不仅要设法遮阳，还要增加空调的能耗。又如一些高技派的作品，那些表面上的构架好像是结构和设备的需要，实际上也是为了表达某种艺术主张，为了增加空间层次，而完全与结构设备的需要无关。

### 1.3.3　当代建筑审美的多元化倾向

对建筑形体及其构图原则的研究曾是传统建筑美学的中心内容，因此，长期以来形成了许多建筑审美的标准。而今天，随着社会的发展，人们需要自由表达自己的意志，在美学界已逐渐把研究的注意力集中于审美的主体——研究人的审美取向问题。在建筑审美方面，同样也受到了社会潮流与当代美学思想的影响。

由于人们的意识形态具有强烈的社会性，各种人群必然会受到地域、民族习俗、文化结构、观念形态、生活环境等因素的影响，尤其是当代人强调个性的发挥，这就不可避免地要使建筑审美走向多元化倾向。在当代建筑思潮中，因审美倾向不同而形成的诸多建筑派别已数见不鲜，不论是后现代派、高技派、光亮派或新乡土派，其实它们都是以不同的审美观为基础的。过去那种现代主义的国际式建筑在风行了近半个世纪以后，已不可能再一统天下了。今天建筑艺术思潮多元化的时代已经来临，不论是坚持功能主义、纯净主义，或是主张后现代主义、晚期现代主义；不论是重艺术表现也好，或是重技术和功能表现也好，都可以充分地让人们选择，让社会取舍。这样既可以满足社会不同层次的人的需要，也可以让社会检验，使适者生存发展，而畸形流派必然只能是昙花一现。

建筑艺术风格的多元化也和社会意识形态、经济形态多元化一样，是时代的要求，是发展的必然结果。人们总是希望生活能够丰富多彩，建筑艺术思潮的多元化与建筑审美倾向的多元化正是现代生活的反映。至于技巧上优劣的区分已非难事，某些客观准则即可衡量，难的倒是对艺术思潮与流派本身高低的评估，这往往会取决于人们不同的审美趣味。这种建筑审美倾向的多元化正是当代建筑审美观的主要特征，和传统美学向当代美学发展的重要标志，同时也就决定了当代建筑艺术思潮并存的格局。

由于当代审美观的多元化倾向和建筑美学价值追求建筑艺术的意义，这就大大超出了传统建筑美学着重研究"美感"的范畴，那些构图的平衡、和谐，以及视觉上的舒适度已渐渐降到次要地位，它所想要获得的是建筑艺术的"表现力"。因此，很可能有一些建筑本身形象并无美感可言，甚至使人感到怪诞，但只要它能具有强烈的表现力，能够满足某些现代人猎奇的心理，能够达到建筑艺术所要追求的意义，它就已具备了审美的价值。例如美国加州贝斯特公司的样品展览馆，把大门做成破碎的一角，并可以自由开关，以唤起某种隐喻的含义。虽然这座建筑并不美，但却能有某种美学价值，这也是当代审美观中不可忽视的一个侧面。当代美学中那种追求非美的倾向，实际是对建筑意义进行表达的结果，展示了它对外界事物的主观感受，这是对传统美学的一种发展和补充，它并非从根本上否定传统美学的构图法则，而只是对传统准则的新认识，只是在建筑美学上追求意义的价值超过了美感的价值而已。当代建筑美学这种从单纯注重审美客体转向审美主体本身的过程，无疑为建筑美学开辟

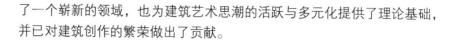

了一个崭新的领域，也为建筑艺术思潮的活跃与多元化提供了理论基础，并已对建筑创作的繁荣做出了贡献。

## 1.4 中国古典建筑艺术

中国古代的传统建筑自汉唐以来已逐步积累了不少建造经验，形成了中国特有的建筑艺术风格，尤其是在那些宫殿、寺庙、衙署等正统的建筑中，这种建筑艺术风格已形成了制度，因此，人们便把这种古代典范的正统建筑称之为古典建筑。

中国的古典建筑一般是由木结构组成的，它的基本艺术特征是在外观上明显地分为三部分：台基、屋身和屋顶。其中，屋顶部分又是中国建筑艺术最引人注目的重点。

台基，不论建筑的大小都有，它放在建筑物的底部，既可以起到防潮作用，又可以在建筑艺术上具有衬托效果，不少大型建筑还可以有好几层台基，显得更加雄伟壮丽。台基可以有普通台基和须弥座之分，前者适用于一般房屋，后者多应用在宫殿和大型庙宇之中。普通台基常用砖砌，沿边上部铺一圈条石，台高多在 40～60 厘米之间，在台基长边设有踏步可以上下。须弥座式台基往往高达 1 米左右，四周均为石砌，面上还有石刻花纹与雕饰，以便与大型建筑的庄严气氛相配合。须弥座前的踏步也均为石砌，而且两侧有栏杆，显得建筑底部稳实严谨，千秋永固。

屋身是中国古典建筑的主体部分。一般均为木结构梁架组成，外墙与隔墙不过是起围护作用，因此中国俗语中曾有"墙倒屋不塌"的说法，表明承重构件是木柱和梁架，而不是墙，这和现代结构中的框架原理颇为相似。在建筑正面所排列的柱子形成一些"开间"，小型建筑多为三开间或五开间，大型宫殿、庙宇则常为七开间和九开间，北京故宫太和殿正面达到十一开间，是我国最大的木构建筑。建筑两侧的柱子排列则组成了建筑的"进深"，它的大小与数量根据正面开间而定。通常正面开间数为单数，而进深数则为双数，这和木梁架的结构有密切的关系。在建筑艺术上为了强调中轴线与中心部位，往往把中间的这一开间做得稍为宽一点，最边上的一间做得最小。中间的一间称之为"明间"，最边上的一间称之为"稍间"，这便使得单调的开间排列显得有细微的变化。柱子本身有时也进行了精致的加工：大型古典建筑不仅在圆形木柱外涂上油漆，而且在唐宋时期的檐柱上还有明显的"卷杀"和"侧脚"。所谓"卷杀"，就是指在木柱的上端和下端比柱身微微收小，术语称之为"梭柱"；"侧脚"就是两端的柱子微微向中央倾斜，使得建筑外观看起来有一种内聚的坚固感。到了清代以后，这种"梭柱"与"侧脚"的做法就渐渐消失了。但是在一些边远地区，偶尔还能看到一些古代的遗风。在柱子下部均设有柱础，这种柱础绝大部分都是石质的，偶尔在江南一带还能发现有明代的木质柱础。不论是石质还是木质柱础，常常在表面都有精致的加工，它的繁简程度与雕刻的水平都与整座建筑的标准相适应。

在大型古典建筑的柱顶和额枋上常做有木质的"斗栱"，这些斗栱都是由一块块的木构件组合成的，目的是为了支撑硕大的出檐，起着檐口内外平衡的杠杆作用。斗栱是中国建筑艺术中特有的部分，它和西方建筑艺术有明显的区别，而且这一部分往往在外部涂有强烈的青绿色彩。加上复杂的形式，成了装饰的重点，也是建筑级别高低的标志。

屋顶是中国古典建筑艺术中最富表现力的部分，形式多种多样。常见的有单坡顶、平顶、囤顶、硬山顶、悬山顶、风火山墙顶、毡包式圆顶、栱顶、穹隆顶、庑殿顶、歇山顶、卷棚顶、重檐顶、圆形攒尖顶、四角攒尖顶、盔顶等。通过这些屋顶的基本形式又可组成复杂的变化多端的屋顶组合形体，显示出中国古典建筑的高度成就（图1-1）。

这些古典建筑屋顶的屋面一般都做有明显的曲线。术语称之为"反宇"。屋顶上部坡度较陡，下部较平缓，这样既便于雨水排泄，又有利于日照与通风。在歇山顶与庑殿顶的建筑中，屋檐都有意做成微微地向两侧升高，特别是屋角部分做成明显的起翘，形成翼角如飞的意境，使中

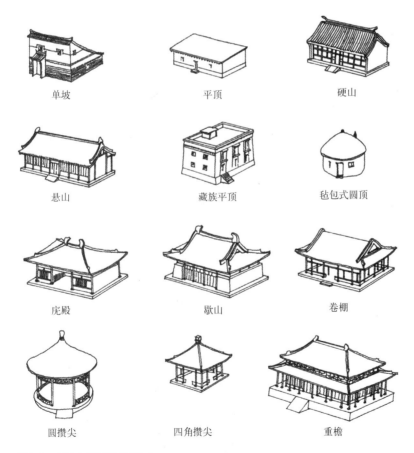

| 单坡 | 平顶 | 硬山 |
| 悬山 | 藏族平顶 | 毡包式圆顶 |
| 庑殿 | 歇山 | 卷棚 |
| 圆攒尖 | 四角攒尖 | 重檐 |

图1-1 中国古代建筑屋顶形式

国古典建筑艺术上升到了一个高潮。屋顶的形式与瓦的色彩在封建社会中也是等级的象征，其中黄色最为高贵，重檐庑殿顶则是级别最高。在屋顶的上部一般都设有正脊，有的在两侧还做有垂脊和戗脊，脊的端部大多做有脊兽或其他装饰。因此，古典建筑的屋顶不仅在艺术上没有沉重庞大的感觉，而且还成为表现建筑艺术的重要部位。你如果登临到北京的景山上，从北向南俯瞰故宫的全景，那些高低起伏变化多端的黄色屋顶组合，真会使你如入仙境。

在江南与华南一带私家古典园林建筑的屋顶，性格就与北方官式的古典建筑大有区别，它们不像北方那样严谨庄重，而是相对比较轻巧精致，色调淡雅，屋顶系以卷棚歇山居多，屋角起翘很自由。加上小青瓦的屋面与白粉墙形成明暗的对比，更显得江南景色的秀丽高雅。

## 1.5 西方古典建筑艺术

西方古典文化发源于古代的希腊，公元前5世纪时是希腊的古典盛期，在文化、艺术与建筑方面都创造了历史上光辉灿烂的一页。公元前1世纪以后的罗马帝国继承了古希腊的成就，使古典建筑进一步成熟，形成了西方世界的范例。中世纪欧洲历史的频繁变化与地区性文化的兴起，虽然使古典文化受到了一定的挫折，但是古典文化的理性秩序始终有着强大的生命力，它曾在15世纪意大利兴起的文艺复兴运动，与17世纪在法国兴起的古典主义思潮中重振雄风，尤其是到了18、19世纪，欧美古典复兴思潮盛极一时，更为西方古典建筑艺术的延续力挽狂澜。

西方古典建筑艺术最杰出的成就是创造了古典柱式。在希腊古典时期曾经创造了三种古典柱式：多立克、爱奥尼和科林斯。三种柱式各有不同的比例和柱头的式样，相应的装饰线脚也有一些区别。希腊多立克柱式一般比较粗壮雄健，人们把它比之为男性的刚强，它的柱底径与柱高的比为1：5～1：6。柱下没有柱础，直接放在台基上，柱上有柱头，做成简洁的几何形体块，柱子本身微微有一点向上收小的曲线，而且柱身上还有凹棱，表现了粗犷的性格。爱奥尼柱式相对比较细长，柱下有一个多层线脚的柱础，柱头上有一对明显的卷涡作为标志，柱身下径与柱高的比一般为1：8.5～1：9.5，柱身也有细微向上收小的曲线，人们常常把它比之为女性的秀丽。爱奥尼柱头的起源传说很多，有人认为是从鹦鹉螺壳得来的启发，有人则认为是模仿绵羊的弯角，还有人猜想是卷草的象征。另外一种叫科林斯柱式，它的比例大致在1：10左右，柱头上常用一组毛茛叶为标志，是柱式中最为华丽的一种。科林斯柱头的起源曾有一个生动的故事，传说古希腊时有一个科林斯地方的铜匠名叫卡利马诸斯，一次他在郊外一位少女的坟墓上看到一只装有祭品的篮子，上面盖有一块瓦片，不料这只篮子意外地放在一颗毛茛叶植物的根上，不久毛茛叶长出来布满在篮子的周围，顶部碰到瓦片自然下垂，样子十分好看，后来传为佳话，于是便被模仿到柱头上。不论这种传说的可靠程度如何，但却反映了一段提取自然界的形象转变为抽象建筑装饰的美好联想。

三种柱头之上一般都有檐部作为横梁，这一部分又通常再划分为三段：檐口、檐壁、檐座，其中檐口在上，挑出较多，檐壁部分常常还刻有浮雕作为装饰。古典柱式的这种精确的比例造型与局部处理的细致入微，不仅能给人一种强烈的艺术感染力，而且由于它的理性精神所产生的内在美，更能给人以永恒的印象。除了上述三种古典柱式之外，希腊人还在当时创造了相应的男像柱与女像柱。男像柱称之为亚特兰大，实际上是多立克柱式的变体。女像柱称之为卡利阿提德，它是爱奥尼柱式的变体。相传卡利阿提德是古代希腊的一位美丽少女，善于赛跑，许多男子都望尘莫及，后来有些建筑上用她代替爱奥尼柱式，也许是对这位少女的纪念吧。

罗马帝国初期，杰出的皇家建筑师维特鲁威在总结古希腊与罗马共和国建筑经验的基础上，于公元1世纪出版了一本名著《建筑十书》，书中对古典建筑的设计、建筑师的教育、柱式的比例造型、建筑的选址，以及工程设备等方面都有详细的论述。这是世界上第一部完整的建筑学理论著作，它不仅在当时帝国范围内对建设起到了指导与规范作用，而且还对后来产生了深远的影响。在罗马帝国时期的建筑中，柱式已发展到五种，增加了塔司干柱式与混合式柱式。比例造型也比希腊时期有了更严格的规定。塔司干柱式的比例为 1∶7，罗马多立克柱式为 1∶8，罗马爱奥尼柱式为 1∶9，科林斯柱式仍为 1∶10，混合式柱式也为 1∶10。各种样式的柱头也都更程式化了，至此古典建筑艺术已达到完全成熟的地步（图1-2）。

西方古典建筑的立面处理常常是以柱式为构图基础的。由于采用不同的柱式以及应用双柱、叠柱、券柱等不同的处理，立面构图可以有丰富多彩的变化。一般来说，不论建筑大小或高低，建筑立面自上至下可划分为三大部分，即：檐部、柱子与基座。多层建筑，有时把底下一层作为基座处理，外表相对比较简洁，中间几层可以看作为柱子的扩大部分，最上面的檐部随着建筑的高度相应地加大和伸长，以保持较恰当的古典建筑比例。在古典建筑的入口处往往在上部做有一个三角形的山花，山花下有檐部和柱子，强调这里是这座建筑的重点部位。建筑的左右一般也常划分为三段或五段，用平面的凹凸来进行区分，以打破建筑物过长时的单调。文艺复兴运动时期，由于柱式与栱券得到了进一步的组合，加上穹窿顶的发展与变化，使古典建筑艺术的面貌不论在建筑外部或内部都得到了充分发挥，它不仅具有形式美与装饰美的效果，而且还形成为理性建筑的典范。西方古典建筑艺术不愧为人类建筑的精华，它不仅创造了杰出的罗马圣彼得大教堂这座举世无双的建筑，也创造了像华盛顿国会大厦那样一座纯洁端庄的建筑艺术典范。

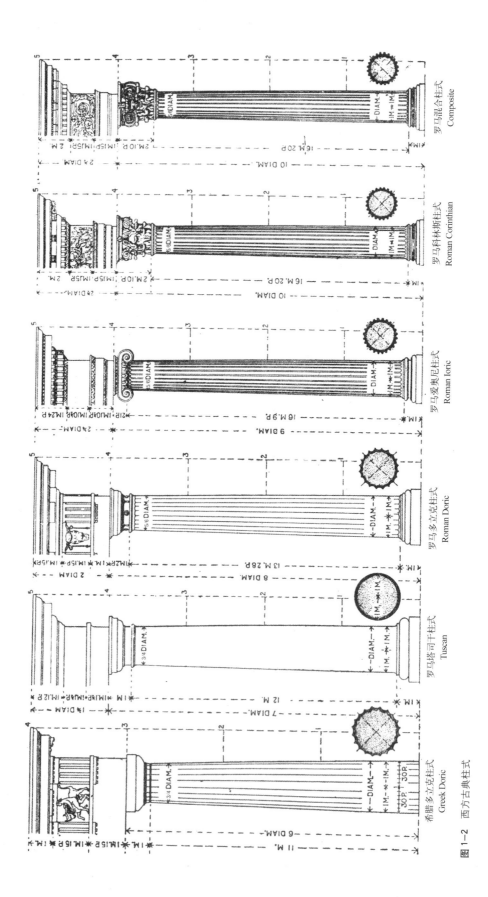

罗马混合柱式
Composite

罗马科林斯柱式
Roman Corinthian

罗马爱奥尼柱式
Roman Ioric

罗马多立克柱式
Roman Doric

罗马塔司干柱式
Tuscan

希腊多立克柱式
Greek Doric

图1-2 西方古典柱式

# 第 **2** 章　西方建筑艺术撷英

　　西方建筑艺术的精华主要集中在欧洲，不仅创造了不朽的西方古典建筑艺术，而且遗留了一批优秀的建筑范例，它们成了建筑师学习的榜样，也是广大人民向往的欣赏对象。回顾和欣赏这些建筑艺术的成就，可以使我们增加建筑艺术的知识，还可以使我们获得丰富的美感。

　　欧洲的历史最早可以上溯到公元前 3000 年的爱琴文化，经过希腊、罗马的古典辉煌时期为西方建筑艺术奠定了基础。公元 395 年罗马帝国分裂为东西罗马，公元 476 年西罗马帝国灭亡，基督教在此基础上得到了很好的发展机会。但是在早期的封建社会里，由于经济力量还很薄弱，教堂建筑只能从罗马帝国遗留的建筑废墟中搬来一些材料，或是利用罗马留下来的法庭加以修建，以适应宗教仪式的需要，因此逐渐产生了一种特殊的建筑风格，后来便称之为初期基督教建筑。

　　东罗马帝国的首都在土耳其境内的拜占庭（亦称君士坦丁堡，今称伊斯坦布尔），故亦称拜占庭帝国，它的兴盛期从公元 395 年一直延续到 1453 年。在封建社会时期中，这是一个重要的阶段，建造了不少宫殿、城堡和教堂等。建筑上融合了东、西方的传统，特别是在拱顶结构和造型艺术上有很大的发展。著名的君士坦丁堡的圣索菲亚大教堂（532 ～ 537 年）就是很典型的代表。

　　俄罗斯在 10 世纪开始建立了自己的封建国家。它吸收了拜占庭建筑的经验，并发展了本民族的传统，很快形成了自己特有的建筑风格。莫斯科的华西里教堂（1560 年）、克里姆林宫（15 ～ 16 世纪）以及彼得堡的冬宫（1755 ～ 1762 年），都是比较有代表性的实例。

　　10 ～ 11 世纪时期的欧洲各国，在继承后期罗马建筑传统的基础上，发展了各个地区的特点，形成了所谓的罗马风建筑，也称之为罗曼建筑。这种建筑风格经常以连续的券廊围绕着建筑，在建筑的檐口上还常常密布着连续的小券装饰，使得建筑表面显得比过去轻巧了许多。

　　在 11 世纪末 12 世纪初，法国形成了新的哥特建筑风格，后来在 12 ～ 15 世纪时发展成为欧洲最大的建筑系统。它运用了新的结构方法，把尖券和框架有机地结合起来，解决了大跨度拱券的技术困难，并大大减轻了建筑物墙壁和屋顶的重量。由于这种风格的教堂经常应用尖塔与垂直线条的装饰，因此表现了基督教崇高与超尘脱俗的幻觉。

　　15 ～ 17 世纪，欧洲兴起了文艺复兴运动，它标志着资本主义的萌芽和人文主义思想的抬头，在建筑上则表现为古典风格的复活。文艺复兴时期已将古典建筑发展到了一个新的水平，在建筑类型、建筑艺术、建筑技术等方面都取得了杰出的成就。

## 2.1 欧洲古典文化的摇篮

古希腊是欧洲文化的摇篮，它的历史最早可上溯到公元前 3000 年到公元前 1200 年之间的克里特－迈西尼文化，由于发生在爱琴海周围，因此也称之为爱琴文化。爱琴文化在历史上曾有过高度繁荣的时期，特别是在公元前 2000 年左右，与希腊本土、小亚细亚、埃及都有过贸易与文化上的交流，创造了杰出的建筑艺术成就。但是在公元前 14 世纪到公元前 12 世纪期间，由于这一地区战争频繁与外族入侵，克里特－迈西尼文化受到破坏与湮没，使这一地区的文化成了历史之谜。

爱琴时期的文化在历史上曾有过不少美丽的传说，因此导致了德国考古学家谢里曼在 1870 年，首先对小亚细亚沿岸希腊民族的古代城市，与巴尔干半岛的迈西尼进行了考古发掘，取得了丰富的收获。20 世纪初，英国考古学家伊文思又继续对克里特岛的许多古代城市进行了系统的发掘，也获得了令人震惊的成果。从此以后，湮没了几千年的克里特－迈西尼文化终于能够得以重见天日，千古之谜终被揭开。

希腊古典建筑是古代世界最精美的建筑体系，是建筑与艺术结合的典范，它的影响一直延续了 2000 多年。希腊古典建筑是在希腊古典文化的基础上发展起来的，是与它得天独厚的自然条件分不开的。

希腊古典文化是指公元前 5 世纪到公元前 4 世纪时期的文化，包括文学、哲学、艺术、科学、建筑、体育的水平，都达到史无前例的高度。希腊在古代不是一个国家的名称，而是希腊民族沿爱琴海周围所聚居的地区的总称，它包括希腊本土、西西里岛、克里特岛、小亚细亚一带等许多城邦制的国家。

希腊的古典文化是古代世界史上光辉灿烂的一页，是西方古典文化的先驱，是欧洲文化的种子。它的影响范围不仅包括黑海、地中海附近地区，它的文化还通过伊朗高原和帕米尔高原传向东方。

在气候上，希腊属于亚热带地区，平均温差不超过 17℃，很适于人的户外生活，而当时运动盛行，体育建筑随之得到很大的发展。国际奥林匹克运动会就是最先在希腊发源的。希腊的建筑材料也非常丰富，山上盛产举世闻名的大理石与精美的陶土。它的大理石色美质坚，适宜于各种雕刻与装饰，给希腊建筑与艺术的发展创造了优越的条件。希腊古典时期的著名建筑师伊克提诺和卡利克拉特，著名的雕刻家菲狄亚斯的作品至今仍被视为建筑艺术的瑰宝。

希腊的宗教观念与埃及有很大的不同。虽然希腊也是信奉多神教，反映对自然现象的崇拜，但希腊的神是幻想的人，是永生不死的超人，而不是残酷无情的主宰。希腊的神表现有超人的能力和智慧，他们成了各行各业的保护神，所以在希腊各地庙宇盛行——它不仅是宗教的场所，也是建筑群和公共活动的中心。希腊的庙宇成了城邦繁荣的标志，也表现了希腊建筑艺术的成就。

### 2.1.1　古典柱式

希腊古典建筑最重要的成就是创造了三种古典柱式：多立克、爱奥尼和科林斯。它们那刚健优美的造型与精确细致的比例成了后来的典范。与此同时，它还创造了男像柱与女像柱，作为多立克柱式与爱奥尼柱式的变体，更丰富了建筑艺术的手法。古典柱式都是用石材制作的，柱子一般可以分段拼接，也有的是整根的。古典柱式已成了古典建筑造型构图的基础，影响久盛不衰。

### 2.1.2　视差校正

希腊古典建筑在造型艺术上的一个重要特点是，在重要建筑上考虑视差校正问题。例如柱子有侧脚，周围柱廊上的一圈檐柱都微微向建筑中心倾斜，造成视觉上的稳定感，也加强了建筑的刚性。柱子本身都做有微微向上收小的曲线，增加了柱子的饱满与弹性的感觉。柱子的檐部与柱下的基座都做成有一点微微向上的弯曲，纠正了视觉上重力在中部下垂的印象。正面的山花微微有点向前倾斜，这样可以便于人们观望时能够取得更好的视角，尽量减少对原有造型比例的视差。所有这些都是科学技术与艺术结合的成就。它表明了希腊人不受束缚的创造思想，把高度的数学精确性与适应人的直观美感有机地结合起来。

### 2.1.3　装饰

希腊的雕刻与装饰是建筑的重要组成部分。在山花、屋顶、柱头、柱身、柱础、门窗和线脚等处都有丰富的雕饰。同时，在建筑的外表上还常常涂有各种鲜艳的色彩，使希腊的建筑艺术更为华美绚丽。

### 2.1.4　雅典卫城

希腊古典建筑中最杰出的代表是雅典卫城，它并不是国王的城堡，而是希腊古典时期的宗教圣地，同时它也是雅典国家强盛的纪念碑。早在古典时期以前，卫城一直是雅典的军事、政治和宗教的中心。在反波斯侵略的战争中，卫城全部被毁。战争胜利后，重新建造，从公元前448年到公元前406年，前后历时约40年。可是，这一杰出的建筑艺术瑰宝也曾遭受过许多不幸，在中世纪时，神庙被充当过天主教堂、伊斯兰教礼拜寺、火药库等。17世纪时土耳其人统治了希腊，曾把帕提农神庙用作弹药仓库，1687年当雅典城在遭到威尼斯军队的袭击中，弹药库爆炸了，一代名作就此受到破坏，但其残迹在废墟中仍然丰姿犹存。它的伟大成就已被现代学者列为世界建筑艺术之最，也是广大建筑工作者心目中的圣地。

近些年来，希腊政府已对卫城进行了适当整理与维修。夜晚，白色和彩色的灯光照射着大理石的废墟，远处望去也能呈现昔日的辉煌。

图 2-1 雅典 卫城鸟瞰

卫城建在一个陡峭的小山顶上，东西长约300米，南北最宽处为130米，呈不规则形的平面。建筑物分布在山顶的平台上，山势险要，只有西南面凿有一条上下的通道。

卫城中最主要的建筑是献给城邦保护神雅典娜的帕提农神庙。面朝正东，沐浴着东方第一道曙光。它的北面，以路相隔是伊瑞克先神庙，这是供奉雅典娜和海神泼赛顿的。卫城的山门在西端，山门的南面有一个小小的胜利神庙。建筑物的布置比较自由，充分地利用了地形，主要是考虑从卫城四周看上去都有完整的艺术效果（图 2-1、图 2-2）。

雅典卫城的设计也是和祭祀雅典娜女神的仪典密切相关的。它采用了逐步展开、均衡对比、重点突出的手法，使这组建筑群给人以深刻的印象。

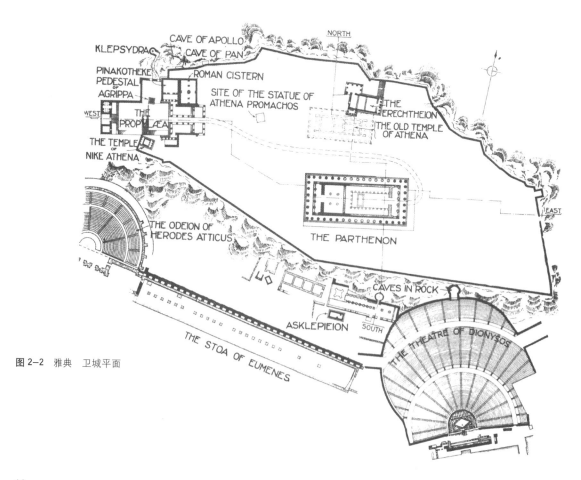

图 2-2 雅典 卫城平面

每年一度祭祀雅典娜的大典，每四年有一次特大的仪典，在仪典的最后一天，全雅典的居民，聚集在卫城脚下西北角陶业区的广场上。献祭的行列，自此出发，经过卫城北面时，伊瑞克提翁神庙秀丽的门廊俯视着人群，当绕到南山坡时，人们可以隐约地看到帕提农神庙。到了西南角，在8.6米高的石灰石砌成的墙基上立着胜利神的庙宇。墙的内侧挂着各式各样的战利品，足以唤起雅典人对战胜强大的波斯帝国的回忆。在这时，队伍行进到卫城的西面，一抬头，山门高高地屹立在山顶的边缘上，峻峭的墙基夹持着一条向上的通道。

进入卫城大门之后，迎面是一尊高达10米、金光闪闪、手持长矛的雅典娜青铜雕像。这雕像丰富了卫城的景色，统一了卫城建筑的构图，表明了建筑群的主题。绕过雕像，地势越走越高，右边呈现出宏伟端庄的帕提农神庙，它立在高高的石阶上。雄伟庄严的列柱，富丽堂皇的色彩和雕刻，体现了雅典人的智慧和力量。向左边可以看到秀丽的女像柱廊。其背后是一片白色的大理石墙面，在阳光下闪烁着亮光。当队伍走到帕提农神庙的东面场地时，宰了牺牲，举行盛大的典礼。人们把薄纱新衣披在雅典娜神像的身上，典礼完毕，就在卫城上载歌载舞，欢度节日。

雅典卫城的建筑群，就是按照这个仪式的全部过程来设计的。使参加游行的人在每一段路程中，无论在山下或者在山上，都能看到不同的建筑景象，并且在不断地变换着画面。为了考虑山下人的观瞻，建筑物大体上沿场地周边布置；为了照顾到山上人们的观赏视点，建筑物不是机械地平行或对称的布置，而是因地制宜，突出重点。将最好的角度朝向人群，用雅典娜的青铜雕像把分散的建筑物统一起来。建筑群突出了帕提农神庙。它的位置是卫城的最高点，体量最大，在建筑群中，是唯一的周围柱廊式的建筑，风格庄重宏伟。其他建筑物，在整个建筑群中都起陪衬对比作用。

雅典卫城是希腊古典时期最杰出的作品，历史上曾留下了不少颂美它的记载。公元1世纪时的希腊历史学家普鲁塔克在描写雅典卫城的建设时说："大厦巍峨耸立，宏伟卓越，轮廓秀丽，无与伦比，因为匠师各尽其技，各逞其能，彼此竞赛，不甘落后。"雅典卫城已成了人类文化的宝贵遗产。

### 2.1.5 帕提农神庙

它是雅典卫城上的主题建筑，始建于公元前447年，直到公元前438年建成。全部雕刻完成在公元前432年。建筑师是卡利克拉特和伊克提诺，雕克家是著名的菲狄亚斯。

帕提农神庙不仅是宗教的圣地，而且是雅典的国家财库和档案馆。它象征着雅典在与波斯帝国的战争中所取得的胜利。

帕提农神庙采用了周围柱廊式的造型，平面为长方形。它打破了过

图2-3 雅典 帕提农神庙
正面

去希腊神庙正立面6根柱子的传统习惯，大胆地应用了8根多立克柱子，侧立面是17根柱子，高度为10.4米，台基的面积为30.89米×69.54米，是希腊最大的多立克柱式的庙宇。虽然它的体量很大，但尺度合宜。檐部相对较薄，柱子刚强有力，柱高是柱径的5.47倍，因为四周是一圈柱廊，感觉比较开敞爽朗，不感到沉重压抑。其他各部分的比例也很匀称，并综合地应用了视差校正的手法。例如角柱加粗，柱子有收分卷杀，各柱均微向里倾，中间柱子的间距略微加大，边柱的柱距适当减小，把台基的地平线在中间稍微突起等，以纠正错误的视觉，使建筑的整体造型和细部处理非常精致挺拔（图2-3）。

神庙正殿的内部使用了三面围合的叠柱，形成一个内部空间的围廊，在围廊的西端两侧还设有两座小楼梯可以上到夹层空间。围廊中间衬托着手持长矛的雅典娜女神雕像。根据记载，不仅雕像制作精美，而且全部雕像是用象牙和黄金银嵌的，真可谓价值连城。遗憾的是现在实物已荡然无存，只能让人从记载中来想象它的华贵了（图2-4）。

正殿神像的后面是一堵墙，隔出一个西向的完整空间，这是国家的财库和档案馆，里面用4根爱奥尼柱支撑着屋顶。爱奥尼柱式和多立克柱式在一座建筑中同时使用，这还是希腊建筑中现存的首例。

帕提农神庙周围柱廊内的檐壁上，刻着连续不断的浮雕。题材是节日时向雅典娜献祭的行列，雅典娜的浮雕像在东端的正中央。雕刻家使浮雕的人群大队的起点在西南角；分成两路，一路沿南边；一路经过西边、北边而到达东端的雅典娜像前。

图2-4 雅典 帕提农神庙内部复原图

这些浮雕的人群和真正节日游人的人群遥相呼应，

融合一体,是出自雕刻家的艺术构思。

在东部的三角形山花上,雕刻着雅典娜诞生的故事,西部的山花,雕刻着波赛顿和雅典娜争夺对雅典保护权的故事。浮雕放弃呆板、对称的布置手法,使雕刻的内容和形式与山花的三角形有机地结合起来,创造了体态多变、构图新颖的画面。

外檐壁的处理,使用三陇板和陇间壁划分成方整规则的小块,其排列和柱子有机地结合起来。三陇板之间的陇间壁上刻成浮雕,题材是拉比斯人和半人半马之战,以及希腊人与亚马逊人之战,共有392块浮雕,寓意着希腊人战胜波斯帝国。

整座帕提农神庙用白色大理石建成。除了雄健有力的多立克柱式和生动逼真的雕刻外,还采用了大量的镀金青铜饰件,以及鲜艳的红、蓝、黄为主的色彩,使帕提农神庙更加雄伟壮丽,具有隆重的节日气氛。

帕提农神庙不仅是建筑史上的里程碑,也是艺术史上的杰作。它是希腊人智慧的表现,是建筑艺术的结晶。

### 2.1.6 伊瑞克先神庙

它是卫城上最精致而有变化的建筑,建于公元前420年到公元前393年之间。位置在帕提农神庙的北面,地势高低不平,起伏很大。根据地形和使用的需要,成功地应用了不对称的构图手法,打破了在庙宇中一贯是严整对称的传统布置,成为希腊神庙建筑中的特例(图2-5)。

庙的规模不大,由三个部分组成,以东面神殿为最大,北面门廊次之,南面女像柱廊最小。神庙的东面外观,用的是爱奥尼柱式,但神庙的东部室外地坪比西部室外地坪高出3.2米,为了要处理成一个完整的空间,就在西部建成一个高台基,与东部室外地坪取齐,作为西面的墙基。外部看来是一个整体,也丰富了建筑的造型。这样西面的入口,只好采用在北部加设门廊的办法。因北部地坪和西部一样,东部和南部一样,所

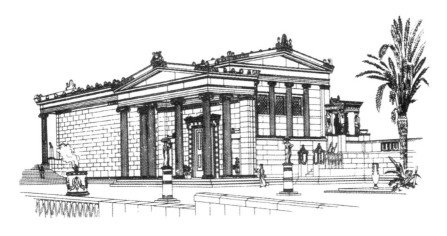

图2-5 雅典 伊瑞克先神庙

以从东面或西面望去都很匀称。从山下仰望西立面时，这6根爱奥尼柱子也很明显。

伊瑞克先神庙与帕提农神庙隔路相望，如果南面外观的处理也用列柱，就显得与帕提农神庙重复，景色单调。而且，伊瑞克先神庙的规模、体量都不及帕提农神庙，更显得很不相称。所以用了一大片白大理石的实墙，一方面加重了伊瑞克先神庙的体量和质感，另一方面又与帕提农神庙空透的列柱形成对比，相形之下更为生动活泼。同时，在南部突出部分的矮墙上，作成女像柱廊，用6根女像柱支撑着较薄的檐部。每个雕像都是两手自然下垂，体量都集中在一条腿上，而另一条腿的膝盖微曲，脚离开了原来站定的位置，有婀娜欲动之势，神态优美自然，雕刻精致（图2-6）。

伊瑞克先神庙用小巧、精致、生动的手法，与帕提农神庙的庞大体量、粗壮有力的列柱遥相呼应，形成强烈的对比。这不仅体现了帕提农神庙的庄重雄伟，也表现了伊瑞克先神庙的精致秀丽。每个雕像都有一点向中间倾斜，既纠正了视差，又达到了稳定和整体的艺术效果。

整个神庙都是用白大理石建造的。爱奥尼柱式和女像柱在一幢建筑物上同时使用，比例、结构和谐得体。柱头、花饰、线脚的雕刻非常精细，使这个不大的神庙以其独特的姿态、生动的构图，表现了希腊建筑的高超技艺（图2-7）。

### 2.1.7 公共建筑

希腊古典建筑中除了住宅、庙宇之类以外，在公共建筑与纪念性建筑方面也有所发展，如露天剧场、运动场、体育馆、议事厅、商场、图书馆、音乐纪念亭、风塔等，都取得了很高的成就，其中露天剧场的形制是现代同类型建筑的先驱。埃比道拉斯剧场是希腊露天剧场中最著名的一个，它建于公元前350年左右。表演区是一块圆形的平地，直径为20米，它的后面原来有一个二层的舞台，在圆形表演区的前面是依山而筑的扇形阶梯式看台，共有32排座位，直径达到113米，上下分为二区，每区间还有许多垂直的过道作为上下的通路。露天剧场的视觉组织与声响都有较好的效果，反映了当时的建筑科学也有了很高的水平。

此外，小亚细亚的抹苏鲁姆王陵，和以弗所的第二猎神庙曾被列为世界奇迹，前者建于公元前353年左右，后者建于公元前356年左右，虽然实物早已不存，但从历史记载中可以推测它们的规模与造型都十分壮观。

古代的希腊人是多才多艺的，他们在古典时期创造了光辉灿烂的文化，也为建筑艺术建立了不巧的丰碑，这是特定历史条件下的产物，这个时代已是一去不复返了。

图2-6 雅典 伊瑞克先神庙的女像柱

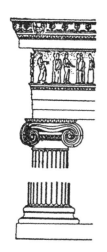

图2-7 爱奥尼柱式

## 2.2 罗马帝国的辉煌建筑

罗马帝国是古代世界最强大的国家，版图地跨欧亚非三洲。自从奥古斯都大帝在公元前30年建立帝国以后，先后繁荣了四个世纪。帝国末期，由于社会内部矛盾重重，统一的大帝国终于在公元395年分裂了。

罗马帝国时期的城市建设与建筑活动，在历史上留下了光辉的一页，不论在规模上、技术上与艺术上都取得了伟大的成就。今天，在昔日罗马帝国范围内所留下的无数建筑遗物中，我们可以看到它们无不具有强大帝国的印记，这是一部活生生的历史写照。

### 2.2.1 罗马城

号称为"永恒之城"和"世界首都"的罗马，在帝国时期是政治、经济、军事中心，为了对外扩张与统治的需要，从罗马向四面八方建设了许多宽阔的道路，因此，自古以来就有"条条大路通罗马"的美喻。

古罗马城是自然发展而成的城市，平面很不规则，在总体布置上没有多大特色。但中心区及个体建筑却有杰出的成就，而且市政工程相当完善。城市最早的中心在帕拉丁山，面积约300米×300米，地形向西北倾斜。山顶有天然的蓄水池，供应全城用水。山谷中有一条小河自然地形成了城市的排水渠，经台伯河而入海。后来罗马城就逐渐靠近台伯河两岸发展起来。

城市的中心广场在帕拉丁山北面，中心广场的南、西、北三面都有对外交通的道路，道路的路面与排水工程的质量都很好。大路宽达20～30米，小路宽4～5米。和后来欧洲情况一样，古罗马的道路虽好，但一般居住情况却甚差，和中心区的建筑相比大有天壤之别。

罗马城在帝国时期发展很快，人口达到150万～200万，比共和国时期增加了10倍，这是当时世界上最大的城市，但城市用地只增加了1倍。山上是统治阶级的宫殿、别墅，市中心是广场与纪念性建筑，而其他地方的居住建筑则发展成拥挤的多层公寓，这时最高的公寓已建到8层，由于质量问题，经常发生倒塌现象。土地在罗马城显得日益紧张，土地投机的生意在罗马帝国时代已经开始出现了。

今天罗马最严重的交通问题在当时也已存在，那时道路被摊贩和闲散的人群拥塞着，在共和国时期，罗马法律曾规定只有夜间才能行车，以供应生活用品。当时以为只要把给排水搞好就能生活得很好，而忽视了交通问题。直到恺撒统治时期才得到注意。他的继承者奥古斯都大帝——第一位罗马帝国的皇帝，在道路交通与城市建筑方面进一步做了许多工作，使罗马城才有所改善，所以他可以自豪地这样说："我走进了一个砖、瓦和石头拥塞的城市，但我走出了一个大理石建造的城市。"

公元 330 年，经过长时期建设与扩大，罗马城已达到了很大的规模，全城共有 13 座城门，有 11 条输水道，道路四通八达，虽总体布置缺乏规划，但公共建筑与广场建设还是颇负盛名的。

### 2.2.2　广场

罗马的广场与希腊的广场大抵相同，是一广阔开敞的空间，以作市民公共聚会之用，也是政治活动的中心，同时兼有宗教、法律、商业的性质。广场四周有各种建筑围绕，如法庭、神庙、回廊、凯旋门、纪功柱、档案库等，这种类型的广场，早在共和国时期已很盛行，到了帝国时期更大大地加以发展，特别是罗马帝国的皇帝都要为自己建造一个这样的广场，逐渐也就使公共性变成纪念性的了。这时期比较著名的有奥古斯都广场和图拉真广场等。

图拉真广场建于公元 112 ~ 117 年，是当时罗马城中最大最壮丽的广场。在平面布置上采取了对称对景的手法，使这个广场有着纪念性的严整布置，同时在平面布置上用一根"轴线"将许多空间联系起来。入口为一凯旋门，进入后第一个空间便是广场的主要露天场地，长 120 米，宽 90 米，地面用各色大理石板铺砌，广场中间立着图拉真的骑马镀金铜像，两旁为半圆形廊。广场后面是一个大法庭，又称之为巴西利卡，它的纵轴与广场的纵轴相垂直。人从长边进去，大厅两端的半圆形龛加强了它的横长的感觉。厅长 159 米，深 55 米，沿墙有两排列柱，里排柱子用灰色花岗石做柱身，白大理石做柱头，外周柱子是浅绿色的。大厅内部墙面贴着镀金的铜片，装饰着无数雕像。法庭后面是一个小院子，院子两侧分别为拉丁文和希腊文的图书馆。在这个长宽都不过十几米的长方形院子里矗立着连基座和雕像总高 43 米的图拉真纪功柱（公元 114 年，图 2-8）。柱子的底径 3.7 米，高 29.77 米，柱身上缠绕着长达 61 米的浮雕，绕柱 23 匝，刻着图拉真与达奇亚两次战争的战绩。柱头上立着皇帝的雕像。要看清柱子上的全部雕刻和图拉真像，必须从一个楼梯走上图书馆的屋顶。柱子中央是空的，有盘旋的白大理石楼梯可以上去。从这个有纪功柱的小院子穿过一个柱廊，又进入另一个较大的院子，院子正中是图拉真的祭庙，这个华丽的祭庙结束了整个广场建筑群。

图拉真广场一连串空间的纵横、大小、开闭的变化以及相应的艺术处理，反映了企图用建筑造成神秘感来神化皇帝的思想。拉丁文和希腊文图书馆的设置，是为了表彰皇帝不仅有"赫赫武功"，而且还有"融融文治"。

在罗马市中心的这些广场，彼此拥挤，彼此妨碍，没有合理的联系。广场也不照顾周围的街道、市场、住宅区和地形。这是因为皇帝们想在传统的市中心修建自己的纪念物，可是又受到原有建筑物的限制，不能为所欲为地占用城市土地的缘故。同时，每一个皇帝都突出地表现自己，根本不考虑过去已有的广场。这种混乱都是因为广场建筑群已逐渐变成了纪念建筑，而失去了全民意义的结果（图 2-9）。

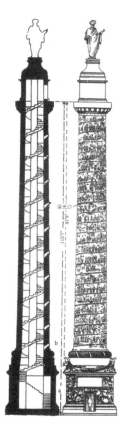

图 2-8　罗马　图拉真纪功柱

罗马市中心的广场建筑群在中世纪时，由于战争的破坏和天主教排除异端的影响，使罗马市中心的建筑群化为一片废墟，图拉真广场也不例外，但今天仍能从这些遗迹中看到它昔日的英姿。

图 2-9　古罗马的广场群复原图

### 2.2.3　凯旋门

罗马帝国时期最重要的纪念性建筑就是凯旋门，一般都是为了表彰皇帝的战功而建造的，位置都在城市的中心地段。罗马市中心有三个著名的凯旋门，即：泰塔斯凯旋门、塞弗拉斯凯旋门、君士坦丁凯旋门。

泰塔斯凯旋门（图 2-10）建于公元 81 年，是泰塔斯皇帝为表彰自己战功而建的，它位于从罗姆努广场到大斗兽场的路上。这是一个比例造型优美的建筑，外轮廓接近一个正方形，总高约 14.5 米，中间有一个大拱券，跨度为 5.35 米。它的进深很厚，基座有力，女儿墙也很厚重，所以显得稳重庄严。凯旋门的正面用了 4 根华丽的混合柱式装饰，墙面用白色大理石。檐壁上刻着凯旋时向神灵献祭的行列，券面外刻着飞翔的胜利神，门洞内侧刻着凯旋仪式，一边刻的是泰塔斯皇帝坐在马车上，另一边刻的是攻陷耶路撒冷的残迹，雕刻把罗马皇帝的胜利"永恒"地记载下来。雕刻的主题和部位都选择得符合于建筑物的性质。把主题雕刻放在门洞内，可以让人看得清楚，并减少风雨的侵蚀，同时也符合凯旋者的行进方向。泰塔斯凯旋门的造型成了后来许多凯旋门的榜样，巴黎星型广场上的巨大凯旋门就是以泰塔斯凯旋门为范本的。

图 2-10　罗马　泰塔斯凯旋门

建于公元 203 年的塞弗拉斯凯旋门和建于公元 312 年的君士坦丁凯旋门，都是三券洞的造型，正面轮廓也是正方形，全部由白大理石建造，表面继承了泰塔斯凯旋门的传统手法，采用四根混合柱式，女儿墙很高，上面刻着国王的功绩。在墙身上布满了浮雕，都是歌功颂德的内容，也反映了帝国后期追求华丽装饰的时尚（图 2-11）。

图 2-11　罗马　塞弗拉斯凯旋门

### 2.2.4 角斗场

这是罗马人特有的一种竞技娱乐性建筑，它用来表演最血腥、最野蛮的角斗，以满足统治阶级的官能刺激。这种建筑在共和国时期就已经有了，平面都是椭圆形的，因此也常称之为圆形剧场。这种角斗场在罗马帝国境内非常普遍，其中以罗马市中心东南的角斗场最为著名。

罗马角斗场也称为大斗兽场，它是罗马建筑最典型的代表（图2-12）。大斗兽场建于公元70～82年，原来只有三层，顶层部分是后来3世纪时加上去的。

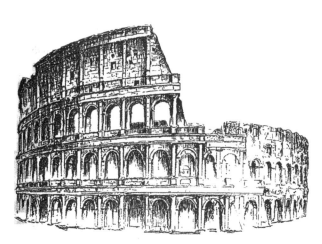

图2-12 罗马 大斗兽场

大斗兽场一般是观看角斗士和野兽搏斗，或角斗士与角斗士搏斗，甚至是一群角斗士和另一群角斗士搏斗，直到一方全部死亡为止。根据历史记载，在庆祝落成典礼的100天中就有5000头野兽在这里被杀死，由此可以想到死于非命的角斗士也不在少数。

大斗兽场的平面呈椭圆形，它的长轴188米，短轴156米，内部可以容纳5万至8万观众。周围座位约近60排，对外有80个出入口，集散都非常方便。看台下空间分为与座位分区相应的三层，每层都有环形的休息廊，下面有墙支撑着三层楼板，墙上也发着券，使建筑空间得到最充分的利用。建筑物的墙壁和楼板全部都是用天然混凝土浇筑的，外表用细密的灰华石贴面，而大理石则用于柱子、座位、装饰及雕像。

大斗兽场的结构非常坚固，罗马人曾自豪地说："圆形剧场倒塌，罗马就要灭亡。"然而罗马帝国早已覆灭了，但大斗兽场的遗物至今犹存，它是古罗马建筑中最雄伟的例子。

在斗兽场中心，有一个长轴86米，短轴54米的椭圆形平地，这就是血腥的角斗表演区。在表演区和第一排看台之间有5米左右高的墙面，不论角斗士或野兽都不能伤害坐在那里的特权观众。

大斗兽场的外墙高48.5米，分为四层，下面三层是券廊连绵不断，绕斗兽场一周，每层各有80个券洞，在二、三层的券洞中原来都放有一尊雕像，增加了外表的装饰性。在顶部树立着一圈旗杆，表演之日，旌旗飘扬，更增加了奢华的气氛。在斗兽场内，夏日还可以拉上布篷遮阳，座位下面还通上水管可以降温。大斗兽场既反映了奴隶主阶层的骄奢残酷，也反映了罗马帝国建筑技术与艺术的成就。

### 2.2.5 万神庙

它建于公元120～124年，是罗马圆形庙宇中最大的一个，现在保存得比较完整。神庙面对着广场，坐南朝北。神庙前广场上立着从埃及搬来的方尖石碑。神庙的平面可分成两部分。门廊是由前面的 8 根科林斯柱子和后面两排的 8 根柱子组成,放在高高的台阶上,台阶宽 33.5 米,深 18 米。后面是圆形的神殿和两个壁龛,里面原来放着奥古斯都和阿古利巴的大雕像(图 2-13)。

神殿平面为圆形,直径 43.2 米,墙厚为 6.2 米,上面覆盖着半球形的穹窿顶,顶端距地也是 43.2 米,中间有一个直径 8.9 米的圆形天窗,是唯一的采光口。穹窿顶和墙身都是用混凝土浇筑的。为了减轻自身重量,又在环形的墙体内挖了 7 个壁龛和 8 个封闭垂直的空洞(图 2-14)。圆形神殿的内部处理很统一,龛的立面都做成用两根科林斯柱子支撑着檐部的线脚,科林斯的檐口上部靠近穹窿顶还有一层檐。两层檐口把神殿内部墙面水平划分成上小下大的两段,很近于黄金分割的比例。再加上圆形的穹窿顶,不仅减轻了屋顶的自重,而且以上小下大的 5 排凹陷的方格形图案作装饰,越向上越小,强调着它的高度。加上顶部采光产生阴影的变化,更增强了室内空间的效果。内部墙面和柱子都用大理石装饰,使整个室内感觉和谐宏大(图 2-15)。

万神庙的外观比较封闭、沉闷。门廊柱高 14.5 米,16 根柱子是从别处拆来的,色泽不一致。柱头、檐部、柱础是白色大理石,柱身是深黄色的花岗石。门廊的檐部、山花原有青铜铸的雕刻,门廊下的大门包着镀金的铜片,穹窿顶的面层也是镀金铜片包的,其余各处也都有这种光亮夺目的装饰物。由于它的富丽多彩,减少了一点封闭沉闷的感觉。由于历史的变迁,山花上的青铜雕刻现已不存在。

这座神庙充分表现了当时罗马建筑的设计和技术水平,无论是体形、平面、外观和室内处理,都成为古典建筑的代表。

### 2.2.6 浴场

这是古罗马时代最重要的公共建筑类型,它的功能要求与空间组织都极为复杂。早在共和国时期就已经有了浴场,里面除了有冷水浴、热水浴、温水浴和蒸汽浴等几个主要大厅之外,还有各种休息

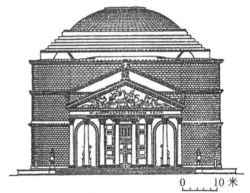

图 2-13 罗马 万神庙正立面

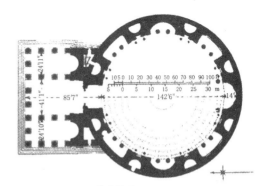

图 2-14 罗马 万神庙平面

图 2-15 罗马 万神庙内部

娱乐的房间,如交谊室、音乐厅、图书馆和运动场等。

由于功能和结构复杂,浴场最早抛弃了木屋顶结构,而代之以天然混凝土的拱顶和混凝土的墙身。设备也很完善,地板、墙面、甚至屋顶都是可以取暖的,在它们里面通上孔道,输入热水或热烟,它们就散发出舒适的热气来。

公元 2 ~ 3 世纪的帝国时期,在罗马城里和外省各地都建造了不少这样的浴场。仅在罗马城里,大的浴场就有 11 个,小的竟达 800 多个。无所事事的人们从早到晚在浴场里混日子,也有人在里面谈买卖,搞政治。罗马的大浴场内外都是大理石贴面,并有无数雕像和高级石头的柱子,成为极华丽的公共建筑物。

浴场宽大的建筑是符合于"世界首都"的生活要求的。罗马城多数的市民是居住在多层公寓和不通风、闷热、光线不好、拥挤、狭窄的街道里,罗马的统治阶级为了笼络自由民阶层,他们把浴场作为娱乐建筑以转移群众对政治和社会压迫的注意力。浴场四周还有游泳池、林荫道、小公园、运动场,因此,浴场每天都被许许多多罗马人所光顾是不足为奇的了。

帝国时期最典型的浴场是罗马的卡瑞卡拉浴场,它建于公元 211 ~ 217 年,位于罗马城的南面。它的规模极其庞大,可同时容纳 1600 人在内部活动。卡瑞卡拉浴场的总平面近于方形,面积为 353 米 × 335 米。浴场的西南角伸入到一个小山坡上,东北面在街上升起 6 米高的基座,整个浴场是放在人工砌筑的高台之上,在它的下面有走廊和房间。浴场主体建筑在中部,长 216 米,宽 122 米。主体建筑的三面为 40 米宽的庭园所围绕,有林荫道和花坛、喷泉等。在主体建筑的后方有运动场及看台,同时还有一些附属建筑物。运动场看台后面有二层二排蓄水池,总容水量能达 33000 立方米,在具有上下水道完善的设备下,能在几分钟内将水换到任何浴池中去。

卡瑞卡拉浴场的主体建筑的布置是对称的。冷水浴池、温水浴池、热水浴池的大厅安排在中轴线上。在它们的两侧,对称地布置着更衣室、洗涤室、按摩室和蒸汽室。大门开在两侧,可以把进入浴池之前的人流分为两半(图 2-16)。

主体建筑物中的大大小小的厅、室有各种各样的形式,方的、扁的、长的、圆的,以及开敞的、封闭的、有柱廊的、无柱廊的等,变化非常丰富。房间都是用混凝土拱顶覆盖,中央大厅的跨度达到 23 米,

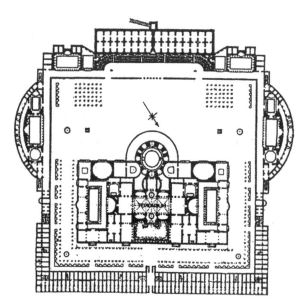

图 2-16 卡瑞卡拉浴场平面

内部装饰也极华丽。从浴场的规模到建筑的艺术处理，都反映了罗马建筑的气派与罗马人的智慧（图2-17）。

图2-17　卡瑞卡拉浴场内部复原图

### 2.2.7　宫殿

罗马城内的巴拉丁山是罗马历代帝王宫殿的所在地。这组宫殿建筑群建于公元3年至公元212年。首先由奥古斯都大帝开始，然后许多皇帝都有兴建与扩建，其中以道密先扩建的一组宫殿最为出色，它的平面中轴对称，行政办公、花园及生活部分都有明确的划分。宫殿正面是一排云石柱廊，进去就是大殿，大殿的一边是家庙，另一边是法庭，它象征着帝王在宗教和法律之间有着无上的权威。大殿后有廊院、宴会厅、水池、喷泉等。建筑物地面用大理石铺砌图案，墙上有云石的柱子及壁画，室内还设有壁龛，陈列着希腊的雕像。可惜这组建筑早已被毁，而遗迹尚能辨认。

在罗马的郊区提服利小镇上，有哈德良皇帝的离宫，建于公元124年，遗物保存得还比较完整，规模十分巨大，不仅有各种建筑物，而且还有雕刻装饰的花园，现在柱廊与雕像仍大部分保持原状，其精致优雅的景观令人赞叹不已。此外，在巴尔干半岛西北部的斯普利特海边，戴克利先皇帝曾于公元300年建造了一所离宫，总平面呈长方形，四面有高墙、碉楼，很像罗马的兵营。离宫内有十字形的干道，临海的一面有精美的回廊，长158米，宽7.2米，其中陈列着许多著名的艺术作品。目前离宫的一些主

图2-18　罗马　萨顿神庙遗迹

体建筑遗物尚存，它已成了古迹旅游的胜地，其他大部分地方则自发地利用废墟形成了一个小镇，变成为配套的旅游服务设施。

罗马帝国辉煌的时代早已过去，但罗马帝国的建筑遗物却永远是当时历史的见证（图2-18）。

## 2.3 欧洲中世纪的教堂

教堂是欧洲建筑艺术的精粹，它往往成为一座城市的象征，也是一个国家文化艺术的反映。马克思曾经说过："中世纪的宇宙观主要是神学的宇宙观。"这时期的教堂自然得到特别有利的发展机会。到欧洲旅行，如果不看教堂那就等于没有品尝到欧洲文化的主要风韵。教堂在欧洲遍布所有城市，它的造型变化多端，风格特征各异。

欧洲中世纪前期的基督教堂多半都是属于罗马风的式样，它是在罗马古典建筑的基础上把造型进行简化，外部围上柱廊，平面布置采用拉丁十字形，中殿较长，两侧厅较短，象征着基督殉难的十字架。十字形平面的长轴东西向，有较高的中厅和两边侧廊组成，西端为主要入口，东端为圣坛。由于圣像膜拜之风日盛，而在东端逐渐增设了若干小祈祷室，平面形式渐趋复杂。在教堂的一侧常附有修道院。

罗马风教堂的外观比较沉重，朝西的正立面常冠有 1 ~ 2 个钟楼，有时十字中心上亦有尖塔。墙面常利用檐口下的连续小券，及入口处一层层凹进的同心圆线脚组成的券洞门以减少沉重感，这种层层退进的券门被称为透视门。

### 2.3.1 比萨大教堂

罗马风教堂比较典型的例子是意大利比萨大教堂（图 2-19），它包括主教堂（建于 1063 ~ 1181 年），洗礼堂（建于 1153 ~ 1265 年）和钟塔（建于 1174 ~ 1265 年）。洗礼堂在最前面，教堂在中间，钟塔在最后。三座建筑的外墙都是用白色与红色相间的云石砌成，墙面上装饰有同样的层叠的半圆形连续券，形成统一的构图。

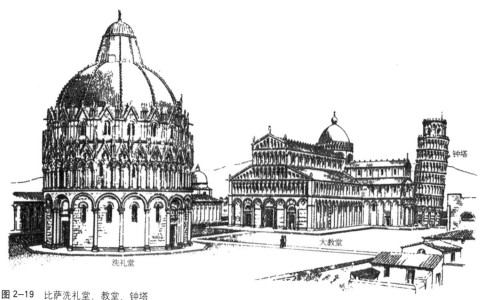

图 2-19　比萨洗礼堂、教堂、钟塔

特别值得提出的是钟塔，高 50 余米，直径 15.8 米，因地基关系倾斜得很厉害，从顶层中心垂直线距底层中心有 4 米余，故有斜塔之称。由于它的基础在第二层刚建成时就开始向一边下沉，建造者无法纠正倾斜，到第四层时不得不停了下来。60 年以后，倾斜没有增加，于是又加了三层，并有意纠正一点斜度，高度达 45 米。塔顶的钟楼到 1350 年才建成。现在比萨斜塔已成为世界一景，同时它更因为伽利略在斜塔上做过著名的重力加速度试验而闻名于世。但是近年来发现斜塔的倾斜度又有新发展，后经过意大利工程技术人员几年认真艰苦的探索，已通过向比萨斜塔的基坑内注入液氮的方法，使塔停止了继续倾斜。

### 2.3.2　哥特风格

欧洲中世纪后期的基督教堂大多采用哥特风格，它和古典建筑形式完全不同，是建筑百花园地中一朵奇异的鲜花。

"哥特"本是欧洲一个半开化的民族——哥特族的名称。文艺复兴时期的艺术家们认为，12 世纪到 14 世纪的欧洲艺术是罗马古典艺术的破坏者，因此，把这个名字用来称呼当时的艺术与建筑。其实，这种称呼是不完全公正的，在建筑方面，这个时期由于城市的兴起，手工业的发展与进步，在建筑技术与结构方面都有很大的成就，同时随着新的社会生活的需要，也出现了不少新的建筑类型。

哥特式的艺术与建筑的出现是与封建城市的兴起，手工业与商业的发展，基督教神权的扩大分不开的，哥特建筑就是这三者结合的产物。12 ~ 13 世纪时，是哥特建筑发展的繁荣时期，许多哥特式的大教堂和城市管理机关的建筑建立起来了。教堂庞大的体量和超出一切的高度，正反映出当时教会在封建社会中的势力。

哥特风格的教堂在建筑外观上表现为高耸的体形，玲珑剔透的装饰，使人产生一种与天国接近的神圣效果。哥特教堂在结构与施工方面的进步，反映了工人分工的细致，尤其是尖券、飞扶壁、框架结构与石工技术的发展，充分反映了当时建筑工人在前一时期建筑结构的基础上有所改进，有所提高。

这时期的哥特教堂不仅具有宗教意义，而且还具有政治意义与经济意义，教堂里除了经常举行宗教仪式之外，在教堂里也进行国会、讲演和商务活动等，教堂已成了市民精神生活的中心和公共活动的场所。

哥特式的教堂最初发源于法国，后来在弗兰德尔的一些城市以及德国、英国、西班牙、尼德兰、意大利等欧洲地区逐步流行起来。许多巨大的教堂在城市中往往非常突出，由于建筑技术的进步，教堂越造越高，越来越宽阔，有些教堂里面可以容纳上万人，教堂的高度达到惊人的程度。例如 1377 ~ 1492 年建的德国乌尔姆教堂，门前一座巨大的塔楼高度达到 161 米（相当于 53 层楼高），由于它的石工精细，装饰复杂，以致这座塔楼的顶部直到 19 世纪才最后完成，它是世界上遗留下来最高的教堂塔楼。

哥特式建筑富有创造性的结构体系使得教堂的高大形体成为可能，它应用了框架、尖券、骨架券、飞扶壁等多种结构形式，大大便利了各种平面形状教堂屋顶的建造，而且也解决了拱券结构侧向推力的影响。同时，教堂外观上大量应用尖券和垂直线条，加上教堂内部空间又窄又高和二排细长的柱子，给人以一种崇高感。

哥特式教堂的窗子是最有表现力的部位，窗子面积很大，人们把圣经故事用彩色玻璃做成连环画镶在窗框上，被称之为"不识字人的圣经"。光线透过彩色玻璃窗射入到教堂里面，呈现出五彩缤纷的效果，使教堂内部更增添了宗教的神奇气氛。

### 2.3.3 巴黎圣母院

它是法国哥特教堂的一个典型例子。这座教堂的出名，不仅是因为雨果写过一本著名的小说《巴黎圣母院》，更是由于它是巴黎最古、最大、建筑也最出色的教堂，并且又是巴黎的主教教堂（图 2-20）。

圣母院坐落在巴黎市中心塞纳河上的"城之岛"上，1163 年开始兴建，1235 年大体完成。那时欧洲流行哥特建筑风格，因而圣母院的造型带有强烈的早期哥特式建筑的特点，它从外形、结构布置、内部空间，直到细部装饰和一朵小小的花饰，都有特殊的处理手法和性格。

圣母院的主殿长 130 米，宽 48 米。它可以容纳 1 万人做礼拜，其中 1500 人在两侧的楼层上。平面布局左右对称，四长排柱子把殿堂分成五部分，中央通廊部分有 35 米高，旁边侧通廊开间低而窄，再外面是一圈建在飞扶壁之间的小祈祷室。中央通廊平面呈拉丁十字形，据说是象征钉死耶稣的十字架。教堂入口在西面，前面有广场。东端有以圣坛为中心的半圆形通廊。

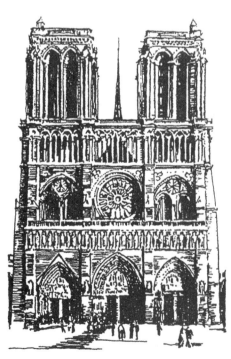

圣母院的正面朝西，两旁有高大的钟塔。正面左右平均分成三段；上下也水平划分为三部分，用两条券带作为联系，下面一层券带上是一排雕像，一共 28 个，刻的是历代犹太国王的像。底层有三个入口，在门洞的正中都有一根方形的柱子。大门的两侧层层退进，上面布满了雕像，因此也被称之为透视门，因为处理得比较程式化，看起来能有一个整体的效果。在正面的中心有一个大圆窗，又称之为玫瑰窗，象征着天堂，直径有 12.6 米，图案精美，是哥特式教堂的重要特征。正面的这朵玫瑰和两侧入口上的玫瑰都是 13 世纪的遗物，是巴黎最古老的三朵，也是圣母院现存的窗子中最古老的。在正面玫瑰窗的前面立着圣母像，她怀抱着年幼的耶稣，左右站着亚当和夏娃。背后大圆窗恰像是圣母的光环。再上面一层券带是装饰性的，主要为了遮蔽后面的屋顶，并与两侧塔楼取得很好的

图 2-20 巴黎圣母院

联系，使整个外观和谐悦目，有规律有节奏，并充分地表现了中世纪教会神圣崇高的中心思想。教堂两侧的大玻璃窗都是用彩色玻璃镶嵌的，达到很高的艺术水平。这些彩色玻璃窗上都是描绘着圣经的故事，供给那些不识字的教徒记忆，同时也增加了教堂内部五彩缤纷的神秘色彩。

哥特教堂在造型上的一个显著特征就是强调垂直线条与尖券向上的倾向。圣母院两侧的钟塔高达 69 米。在两个钟塔之间可以看到后面有一个挺拔的尖塔直插云霄，这尖塔在歌坛的前面，离地达 90 米高，它那玲珑剔透的形象和西面两个钟塔一起，表现了哥特教堂独有的风格。在外墙面的许多壁柱顶上都有一个小小塔尖，表现了神圣崇高的象征，也反映了对天国的向往。圣母院正面的钟塔上本来会有很高的尖顶，后来不知为何没有建造起来。如果建造起来，一定能更为增色。

巴黎圣母院既表现了基督教神权的势力，也反映了匠师艺人的技巧。雨果在《巴黎圣母院》中说得好，这座教堂"与其说是个人的创造，不如说是整个社会的作品；这与其说是天才光辉的闪耀，不如说是人民创造努力的结果。"

### 2.3.4　伦敦西敏寺教堂

它是英国中世纪最重要、最豪华的建筑，也是英王加冕的教堂。公元 616 年在这个位置上曾建造过一座教堂，960 年时改建为修道院，后来又陆续进行了大规模重建。现在的教堂为哥特建筑风格，平面呈拉丁十字形，长轴为东西向，主要入口朝西，北面也有一个入口（图 2-21、图 2-22）。教堂有一部分建于 1055 ~ 1065 年，大部分是在 1245 ~ 1269 年由英王亨利三世重建的。这些部分都是采用早期哥特建筑的式样，内部尖形拱肋从柱顶向上呈放射状伸出，结构简洁有力，外部开间成长条形，壁柱间的窗户都是瘦长的尖券，墙体均为石造。大厅拱顶从顶到地面有 31 米高，上面还有一个木构的三角形屋顶。由于中殿又窄又高，为了确保其稳定和防止中殿向外的侧推力，两侧廊上不得不用飞扶壁抵挡，飞扶壁最下面是较低的侧廊，上面有一个夹层的回廊。教堂的东端是于 1503 ~ 1519 年由英王亨利七世加建的小礼拜堂，里面还有亨利七世的

图 2-21　伦敦　西敏寺教堂

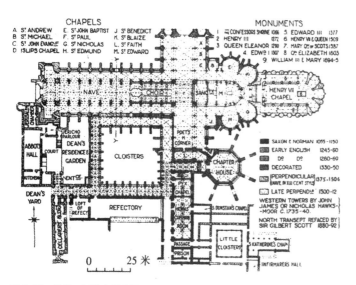

图 2-22　伦敦　西敏寺教堂平面

圣龛。这所礼拜堂的内部为晚期哥特建筑式样，上面的肋拱都做成扇形，从柱顶上一个个伸出，互相连成一片，形成一幅美丽的图案。在主要的肋拱下面还做有许多垂挂的装饰，两边的窗户做得比较宽敞，上面布满了垂直的窗棂，礼拜堂的上空还悬挂着一排宗教的旗帜，显得格外神圣和华丽，以表现出皇家礼拜堂的特色。在教堂十字形平面中部有主要的歌坛和祭坛，上面还有国王加冕使用的宝座。在祭坛的周围特别设有四个圆形的小祈祷室，以供贵族专用，这在其他教堂中也屡见不鲜。修道院紧贴着教堂的西南面，是一个方整的大庭院，周围布置有一些生活用房，还专门设有一个八角形的会堂，可供修道院上课和开会之用。

西敏寺教堂的这组建筑，布置得十分复杂，它是许多世纪陆续扩建的，表现了不同时期的建筑风格，因此它成为英国建筑文化的象征。由于教堂和修道院相连，通常也把它称之为威斯敏斯特修道院。西敏寺教堂现在已成为伦敦市中心区的一处胜迹，周围绿地如茵，泰晤士河在旁边静静地流过，教堂原来作为主要入口的西面外观显得并不突出，倒是北翼的入口与外表显得比较壮观。入夜时，周围的投射灯光照在大教堂的形体上，形成了一处靓丽的风景点。

### 2.3.5　米兰大教堂

它是在意大利教堂中采用哥特风格的著名实例。主体建筑建于1385 ~ 1485 年间，由于它的工程浩大，有些部分直到 19 世纪拿破仑时代才全部完工。

米兰大教堂是欧洲中世纪最大的教堂，它的内部能容纳 1 万多人。教堂平面总长约 157 米，主要殿堂宽约 70 米，两翼总长约 90 米，比一般法国的哥特教堂要宽敞得多。外部正面和法国哥特教堂有些不同，它没有做成横向与竖向的三等分构图，也没有玫瑰窗，而主要是强调大量垂直的壁柱，使教堂四周形成 135 个小尖塔，每个塔顶上都有一个石雕像，直刺天空，加强了向上的感觉（图 2-23）。米兰大教堂内外装饰都非常丰富，但在结构上却没有法国哥特教堂做得有机，为了使高大的教堂安全可靠，内部的柱子间不得不用许多铁件联系和加固（图 2-24）。1750 年时，在教堂歌坛的顶上加建了一个玲珑剔透的尖塔，高度离地达到 107 米，使教堂在城市中的轮廓更为突出。

图2-23　米兰大教堂

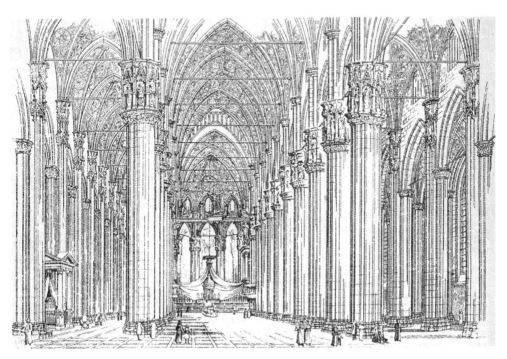

图2-24　米兰大教堂内部

**图 2-25　科隆大教堂**

### 2.3.6　科隆大教堂

它是德国最有代表性的哥特式教堂，也是欧洲北部最大的哥特式教堂，面积达 8400 平方米（图 2-25）。教堂始建于 1284 年，西面的一对八角形塔楼建于 1824 ~ 1880 年间，高度达到 152 米，体形高大，外观挺拔。它的平面长 143 米，宽 84 米，中央通廊宽 12.6 米，高 46 米，在结构上使用了尖券交叉肋骨栱和束柱的做法，是哥特教堂室内处理的杰作。教堂正面的构图，大体上是仿照法国哥特教堂的模式，但没有竖向明显的划分，玫瑰窗也不见了，但垂直的装饰与浮雕仍然是这座教堂的主要特征。教堂两侧的彩色大玻璃窗还具有法国哥特教堂的手法，因此使教堂内外形成了一种和谐、神圣、崇高、庄严的艺术效果，达到了天主教要求的理想。

哥特教堂是具有创造性的一朵奇花，它不受束缚，充分发挥了匠师的聪明才智与工艺技巧，在技术上与艺术上都达到了高度的成就，在建筑史留下了不可磨灭的一页。

## 2.4　意大利的文艺复兴建筑

### 2.4.1　文艺复兴运动

14 ~ 15 世纪的意大利是欧洲最先进的地区，工商业活跃，城市繁荣，在北部和中部的一些城市逐渐产生了资本主义的萌芽，最早出现了新兴的资产阶级，他们中有企业家、银行家、商人。意大利城市的新兴资产阶级要求在观念形态上反对封建制度的束缚和教会的精神统治，以新的世界观推翻神学、经院哲学以及僧侣主义的世界观。这种新的世界观支配着文学、艺术以及科学技术的发展，乃汇成了生气蓬勃的文艺复兴运动。

反封建、反教会教条的斗争使这时期的资产阶级知识分子转向古代。古典文化中唯物主义哲学、自然科学和"人文主义"的各种因素，大大有助于新的进步的斗争。古典的著作和艺术品成了典范，一时引起各行各业知识分子和艺术家的崇拜，蔚然成风。

恩格斯在《自然辩证法》中说道："拜占庭灭亡时所救出来的手抄本，罗马废墟中所掘出来的古代雕刻，在惊讶的西方面前展示了一个新世界——希腊的古代；在它的光辉的形象面前，中世纪的幽灵消失了；意大利出现了前所未见的艺术繁荣，好像是古典古代的再现，以后就再也不曾达到了。"

"文艺复兴"一词的原义是"再生"的意思。早在文艺复兴时期，意大利的艺术史家瓦萨里（1511 ~ 1574 年）在他的《绘画、雕刻、建筑名人传》中，就用"再生"这个词来概括整个时期的文化活动的特点。实际上，这也是反映了当时人们的普遍见解：认为文学、艺术和建筑在希腊、罗马的古典时期曾经高度繁荣，而到中世纪时却衰败湮灭，直到他们这时才又获得"再生"和"复兴"。但是，如果把文艺复兴时期单纯看成是，或主要是文学、艺术和建筑方面的复兴运动，那就是片面和错误的了。文艺复兴时期的文化，在形式上确实具有采用或恢复古典文化的特点，但它绝不单纯是古典文化的"再生"和"复兴"。它是借用古典外衣的新文化，是当时社会的新政治、新经济的反映。因此，文艺复兴文化，实际上就是新兴的资产阶级和人民群众一道，在思想领域和文化领域展开的反封建斗争。

### 2.4.2　人文主义

文艺复兴时期文化上的新思潮就是"人文主义"。"我是人，人的一切特性我无所不有"，这句话就是人文主义者的口号。人文主义的特征，首先在于它的世俗性质，这与封建文化的宗教性质完全相反。从事世俗活动而发财致富的新兴资产阶级，反对中古教会的来世观念和禁欲主义，和它格格不入。他们的目光注视于现实世界，要求享受现世生活的乐趣。反映这一思想的人文主义者，肯定人是生活的创造者和主人。他们提倡发展人的个性，要求文学、艺术能够表现人的思想和感情，科学要为人生谋福利，即要求把人的思想、感情、智慧都从神学的束缚中解放出来。因此，他们提倡人性以反对神性，提倡人权以反对神权，提倡个性自由以反对中古的宗教桎梏。

人文主义者所提倡的人权、人性和个性自由，都是以资产阶级个人主义的世界观为前提的。尽管如此，人文主义思想在当时历史上仍然起了很大的进步作用。它继承湮没已久的古典文化遗产，动摇教会的权威，打破禁锢人心的封建愚昧，为近代的文学、艺术、建筑等的发展开辟了宽阔的道路。意大利的早期文艺复兴孕育了近代西欧的文化。

### 2.4.3　建筑的文艺复兴

意大利是文艺复兴建筑的发源地，它从 15 世纪开始，一直延续到 17 世纪。文艺复兴建筑思潮很快传遍欧洲，古典建筑风格重新广泛流行。

在建筑创作中，对古典古代的崇拜表现为，柱式重又成为大型建筑物造型的主要手段。古罗马的建筑遗迹被详细地测绘研究。维特鲁威的《建筑十书》被搜寻出来，成了神圣的权威。

但是，文艺复兴时期是市民分化为资产阶级（包括小资产阶级，占9%）和劳动人民（占91%）的时期，城市建筑反映了这种分化。最好的匠师们都被掌权者垄断了去，直接为他们少数人服务。城市中高质量的建筑物都是他们私人的。因此，建筑风格也分成了两大类，以柱式为造型基础的建筑只限于上层分子的，平民们继承着中世纪的市房的风格。古典柱式并没有对平民们的房屋发生重要的影响，因此，这种风格的建筑物也没能改变中世纪末形成的城市面貌。

意大利文艺复兴建筑的特点与成就，首先表现在这时期出现了不少重要的建筑理论著作。这些理论著作的第一个倾向是，和造型艺术的主要观点一样，强调人体的美，而把柱式构图与人体比拟，反映了当时的"人文主义"思想。这一点也是早就包含在古典的建筑理论中了的。另一个倾向是，用数学和几何学关系来确定美的比例和协调的关系。例如黄金分割（1.618：1或近似为8：5），正方形等抽象的东西。这反映了当时条件下数字关系的广泛应用，并且受了中世纪关于数字有神秘象征的影响。这时期著名的建筑理论著作有：阿尔伯蒂（1404～1472年）所写的《论建筑》,帕拉第奥（1518～1580年）在1570年出版的《建筑四书》,维尼奥拉（1507～1573年）著的《五种柱式规范》。

其次，在单体建筑方面，文艺复兴时期不仅世俗性的建筑类型增加了，而且在设计方面有许多新的创造。这时期的建筑成就集中地表现在府邸建筑和教堂建筑上。

世俗性建筑的平面一般均围绕院子布置，这样能造成整齐庄严的街立面。外部造型在古典建筑的基础上，采用了灵活多样的处理方法，如外观的分层，粗石与细石墙面的处理，叠柱的应用，券柱式、双柱、拱廊、粉刷、隅石、装饰、山花的变化等，都有很大的发展，使文艺复兴建筑有了崭新的面貌。教堂建筑也利用了世俗性建筑的成就，并发展了古典建筑的传统，使得它的造型更加富丽堂皇起来。

文艺复兴建筑技术的成就，在很大程度上是吸收了先辈的建筑经验加以总结和发展的。梁柱系统与拱券结构的混合应用；大型建筑外墙用石材，内部用砖料的砌筑方法；或者是下层用石，上层用砖的砌法；在方形平面上加鼓形座和圆顶的做法；穹窿顶采用双层壳子与肋料的做法，都使结构与施工技术达到了一个新的水平。

第三，意大利文艺复兴时期的城市与广场建设是很有成就的。城市的改建，显示出资产阶级的强烈愿望，市中心得到很大的改善。典型的例子如佛罗伦萨、威尼斯、罗马等城。

广场在文艺复兴时期得到很大的发展，按性质上分，有：市集活动的广场，纪念性广场，装饰性广场，交通性广场。按形式分，有：长方形广场、梯形广场、圆形广场，不规则形广场、复合式广场等。广场上一般都有一个主题，四周有附属建筑陪衬。早期广场周围建筑布置比较自由，空间多封闭，雕像多在广场的一侧；后期广场较严整，周围常用柱廊的形式，空间较开敞，雕像往往放在广场的中央。

第四，自从14世纪意大利文艺复兴开创了一个新时代以来，使园林艺术有了很大的进展。喜欢自然，热爱乡村，成了一时的风尚。15世纪时，贵族富商的园林别墅差不多遍布了佛罗伦萨与北部诸城。16世纪时，意大利的园林艺术发展到了高峰。

意大利文艺复兴时期的园林，大多是郊外别墅的一部分，通常是设在主要建筑物的前面，或者是在它的后面。因为意大利境内丘陵起伏，许多花园别墅都建造在台地上，所以有台地园之称。花园的布局一般都是规则的几何形。造景手法丰富多彩，其中特别是以水景、植物配置、雕像、石刻装饰见长。在意大利文艺复兴园林中，最著名的例子是蒂沃利的埃斯特庄园（1500 年）和巴涅阿的兰特庄园（1564 年）。

### 2.4.4　文艺复兴运动的摇篮——佛罗伦萨

佛罗伦萨是欧洲文艺复兴的故乡。在欧洲许多著名的城市中，佛罗伦萨要算是其中引人注目的一个了。它不仅以盛产花果闻名，而且城市面貌美丽动人，因此素有"花城"的称号。它的城徽就是一朵花，也印在它的金币上。

佛罗伦萨位于意大利中部偏北，横跨在阿诺河的两岸。全市人口近50 万，距离首都罗马 232 千米，这是一座四季气候宜人、景色秀丽的古城。城市的四周环绕着托斯卡纳山脉的丘陵，中间是一片平原，起伏的山峦和阿诺河清澈的流水相映成趣，葱翠的花木与色彩丰富的建筑组成一幅幅秀丽的画面，再加上衬以蔚蓝色的天空背景，真是漂亮极了。城市的主体轮廓线高低错落，重点突出，市中心维奇欧宫的塔楼和圣玛利亚大教堂的穹窿顶，构成了全城的制高点，大大地丰富了城市艺术。

佛罗伦萨作为一座历史悠久的古城，名胜古迹比比皆是，对前来观光的游客有着极大的吸引力。早在古罗马时期，这里已是亚平宁半岛上的一个重镇。15 ~ 17 世纪时，它曾是美第奇家族统治的王国，其中一度实行过共和政体，但不久又复辟了，直到 1866 年才合并于统一的意大利。

经济的繁荣，促使了城市文化艺术的发展，在文艺复兴时期的许多艺术大师，如达·芬奇、米开朗琪罗、拉斐尔等人都曾聚集过在这里，文化艺术集一时之盛。在城市建设与建筑活动中也相应地有所反映。

### 2.4.5　圣玛利亚大教堂

圣玛利亚大教堂是佛罗伦萨最有代表性的建筑，也是当地天主教的主教所在地。教堂始建于 1296 年，式样是按照当时欧洲流行的哥特风格建造的。教堂的大门朝西，面对着洗礼堂，旁边有一个高高的钟塔，前面是开阔的广场，衬托着色彩富丽的石建筑，显得非常庄严气魄。1365年这座辉煌的大教堂基本上完成了它的主体工程，但是剩下了中央歌坛上的八角形屋顶未能完工，由于它的跨度太大，整整搁置了半个世纪。这个直径达 42.5 米的八角形屋顶怎么办？虽然早在公元 2 世纪时罗马万神庙的圆顶大小和它相仿，可以借鉴，但是万神庙是在罗马帝国时期用天然混凝土浇筑的，那时还没有发明钢筋混凝土结构，顶子最薄处的厚度都有 1.2 米，这样沉重的分量如果放在这座教堂的柱墩上显然是不适宜的。 1420 年，教会在不得已的情况下只得公开征求方案，结果采用了著名建筑师伯鲁乃列斯基的设计。他为了要使这个用骨架券构成的大

图 2-26　佛罗伦萨　圣玛利亚大教堂

图 2-27　佛罗伦萨　圣玛利亚大教堂内部

穹窿顶能够在全城到处都能看到，所以在顶子的下面加上了一个 12 米高的八角形基座。穹窿顶本身高 30 多米，从外面看去，像是半个椭圆，以长轴向上。伯鲁乃列斯基亲自指导了穹窿顶的施工，他采用了伊斯兰教建筑叠涩的砌法，因而在施工中没有模架，穹窿的结构采用了骨架券的做法，一共有八个大肋和十六个小肋，肋架之间有横向联系。穹窿的外壳做成两层，在两层之间是空的，并可容人上下，在穹窿顶的尖顶上，建造了一个很精致的八角形亭子，这亭子采用了古典的形式。小亭子与穹窿顶的总高有 60 米，亭子顶距地面达 115 米，成为全城的重要标志。1434 年全部工程终于完成，这在当时是非常惊人的技术成就（图 2-26、图 2-27）。

中世纪时，天主教的教堂从来不允许用穹窿顶作为建筑构图的主题，因为教会认为这是罗马异教徒庙宇的手法。而伯鲁乃列斯基不顾教会的那些禁忌，渗透了人文主义的思想与古典的手法，因此这个大穹窿顶的建成被认为是意大利文艺复兴建筑的第一朵报春花。这种手法以后在文艺复兴建筑中被广泛运用。

### 2.4.6　吕卡第府邸

这是佛罗伦萨在文艺复兴时期最著名的府邸之一，原来是为美第奇家族建造的，称之为美第奇府邸。该府邸建于 1430 ~ 1444 年，建筑师是米开罗卓。1659 年这座府邸卖给了吕卡第家族，后来便改称吕卡第府邸。

府邸的平面是长方形的，有一个围柱式的内院，一个侧院和一个后院，并不严格对称，所有房间都从内院和外立面采光。内院立面的底层是立在柱子上的连续券廊，廊顶是柱廊，而中间一层有墙封闭，开着小窗。内院是比较轻快的。

府邸只有两个经过建筑处理的外立面，高24.75米。立面有统一的古典构图处理，檐口高度为立面总高的八分之一，挑出2.44米，为的是使檐口与整个立面成柱式的比例关系。它的基座很低，与人的高度相适应，衬托出整个建筑物的高度。为了使立面不单调，墙身部分划分了二条水平檐口线。同时，在第一层使用了非常粗犷的重块石。凸出表面约10厘米，第二层使用平整的石头而留较宽较深的缝，突出约4～5厘米，第三层则是严丝密缝的砌筑，这样，就更加增强了建筑物的稳定感和庄严感。在第二层的转角处有家徽标志作装饰（图2-28）。

吕卡第府邸的外观是屏风式的，它并不完全适合于建筑物内部的实际需要，除了室内窗台太高之外，第三层室内空间高达8米多。这种缺点缘于它的贵族性质，首先追求的是气派，实用却放在第二位。

文艺复兴时期，这类的例子很多，只不过是在立面处理上有一些不同的变化而已。

CROWNING
CORNICE

图2-28 佛罗伦萨 吕卡第府邸

## 2.4.7 西诺拉广场

西诺拉广场是佛罗伦萨城的市中心，基本上还保持着文艺复兴时代的面貌，它的平面轮廓大体呈曲尺形。维奇欧宫是广场上的主体建筑，位于东侧，它建于1298～1314年，粗石的墙面，雉堞式的压檐，小小的窗户与偏在一边的大门，加上高达95米的塔楼，使这座建筑具有中世纪府邸那种庄重、严肃及防御性的特征。它和旁边开敞轻巧的兰茨廊形成强烈的对照。

在维奇欧宫大门前的左边立有世界历史不朽的艺术杰作——米开朗琪罗在 1501 ～ 1504 年所作的大卫像。这个著名的大理石雕像是表现圣经故事中的一位青年英雄，充满着青春的热情和力量，全身筋肉突出，左腿微曲，右手紧握石块，仿佛就要开始激烈的战斗。为了文物的保护，1873 年这座大理石雕像已移至乌菲斯艺术博物馆内，现在门前立着的是一个复制品。

在维奇欧宫南面的兰茨廊建于 1376 年，廊子已带有古典的手法，里面有很多精美的雕像，其中最著名的是"海克利斯和奈赛斯"、"波尔刹斯"和"波列克塞娜之被劫"等。这些雕像都是完成于文艺复兴时期，取材自希腊神话故事，非常优美生动。

在维奇欧宫的转角上还设有一个白巨人"海王"喷泉，喷泉北面是科西莫一世大公的骑马雕像。

与广场相连的乌菲斯街是佛罗伦萨唯一一条在文艺复兴时期经过全面设计的街道，街道两旁有政府的办公机关和乌菲斯宫。现在乌菲斯宫已改为艺术博物馆，里面陈列有许多达·芬奇、米开朗琪罗和拉斐尔等艺术大师的作品。

西诺拉广场作为一个曲尺形广场，实际上是由一大一小两个广场组合成的，在两个广场的结合部，处理得既分又合，主要转角及重点部位都有雕像点缀，使这座广场不仅仅在远处有明显的标志，而且在内部也给人感到像是一个露天的艺术博物馆。

### 2.4.8 罗马圣彼得大教堂

这座教堂是文艺复兴时期的代表性建筑，也是世界上最大的教堂，它既集中了当时杰出建筑师的智慧，也反映了受到教会的局限。教堂建于 1506 ～ 1626 年，前后经过 120 年才基本建成。

重建圣彼得大教堂的计划是从 1452 年教皇尼古拉五世开始的，因为当时旧教堂已破旧不堪。教皇尼古拉死后，这个计划被搁置了将近 50 年。16 世纪初，教皇尤利二世为了重振业已分裂的教会，为了宣扬教皇国的统一雄图，为了表彰他自己，乃决定重建这个教堂，并要求它超过最大的异教庙宇——罗马的万神庙。1505 年，举行了教堂的设计竞赛，选中了伯拉孟特的设计，教堂遂于 1506 年动工。

伯拉孟特设计的教堂，平面是正方形的，在这正方形中又做了希腊十字形（正十字形），希腊十字的正中用大穹窿顶覆盖，正方形四个角上又各有一个小穹顶。四个小穹顶衬托着中央的大圆顶，成为教堂的主要轮廓线。

1514 年，伯拉孟特死后，这大教堂只造起了不多一点就交给了拉斐尔、伯鲁齐、小莎迦洛、米开朗琪罗等人接着去做。米开朗琪罗死后，又由泡达和丰塔纳继续于 1585 ～ 1590 年完成了这座伟大的建筑。为了使这个直径达 42 米的穹窿顶更加可靠，他们和后继者在底部加上八道铁链子。1564 年，维尼奥拉设计了大穹窿顶旁边四角上的小穹顶。大穹窿

图 2-29　罗马　圣彼得大教堂远眺

顶的顶点离地面 137.8 米，是罗马城最突出的建筑物。

　　但是，过了不久，教皇保罗五世决定把原来的正方形平面改为拉丁十字形（长十字形）平面，迫使建筑师玛丹纳又在前面加了一段大厅（1606 ~ 1626 年），以致在近处看不到完整的穹窿顶了，只能在远处才能看到它的轮廓线（图 2-29）。

　　最后由伯尼尼在 1655 ~ 1667 年建造了杰出的教堂入口广场，由梯形与椭圆形平面组合而成。椭圆形平面的长轴宽 195 米，由 284 根塔司干柱子所组成的柱廊环绕着，广场的地面略微有一点坡度。

　　教堂完成的平面是拉丁十字形，外部共长 212 米，翼部两端长 137 米。大圆顶直径 42 米。内部墙面应用各色大理石、壁画、雕刻等装饰，穹窿顶内有相应的弧形天花。外墙面则应用灰华石与柱式装饰，立面构图是严谨的古典建筑风格。尽管这个教堂还有一些缺点，但由于它的建筑规模巨大，造型豪华，装饰丰富，仍然使它成为世界上教堂中最雄伟的一例（图 2-30）。

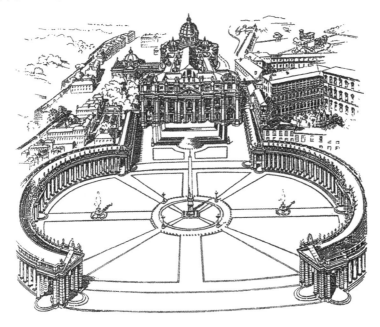

图 2-30　罗马　圣彼得大教堂鸟瞰

### 2.4.9 威尼斯

文艺复兴时期的文化历史名城威尼斯是一座秀丽的水都,素有"亚得里亚海上的珍珠"之称。威尼斯有着旖旎的城市风光,富有特色的建筑与广场,波光云影相映的水上人家,以及到处穿梭的小船,真是"水市初繁窥影乱,重楼深处有舟行"。亲临其境,犹如置身于文艺复兴时代的昔日情景,它不愧为当代的国际旅游胜地。

威尼斯位于意大利东北部的亚得里亚海岸,作为一个东西的交通枢纽和重要海港而得到了迅速发展。作为一座出色的水上城市,它建立在由砂石所冲积的海湾上,全城由 118 个岛屿组成,纵横河道共有 134 条,并有 395 座形式各异的桥梁。这座城市本身不出产任何建筑材料,建造房屋所需的砖石、木料、五金器材全由外地靠海运输入。由于地层松软,多数巨大的建筑都建立在木桩基础上,有些地方则是由石块堆积而成,整个城市与海湾连成一片,犹如飘浮在水上。

水城的四周均为海湾所环绕,只在西北角有一条长堤与大陆相通,火车可以直达。城内大大小小曲折迂回的河道形成为四通八达的交通网,其中最主要的一条则是贯穿全城的大运河,它的形状像一个反写的"S",全长 3800 米,河道宽变化在 30 米到 70 米之间,深约 5 米。威尼斯也有许多小街小巷,但都曲折狭窄,大部分宽度只有 2 米左右,街道两旁的建筑多半保持着中世纪与文艺复兴时期的风貌(图 2-31)。这里没有车马之喧,靠市中心区一带街道两旁布满了工艺品商店和旅馆,游人摩肩接踵,熙熙攘攘,终年不绝。在大街小巷间或教堂前,也有不规则的小广场,这些开敞空间不仅便于居民日常交往与聚集,而且也为城市空间艺术带来了生机。

据不完全统计,威尼斯现有各式教堂 120 余座,男女修道院 64 所,著名府邸 40 余座。这些建筑都是威尼斯匠师的智慧与技术的结晶。

形成威尼斯特征之一的桥也是非常出色的,不仅数量多,而且姿态优美,为城市艺术增色不少。这些桥多半都是石拱桥,也有木拱桥,有的还建有桥廊,其中最著名的如 1592 年建造的里阿尔托桥,全长 48 米,桥廊内两旁有小商店,桥中间人行部分宽 2.2 米,桥廊的中间做有一个高起的亭子,成为大运河上的一处重要景观(图 2-32)。另一座威尼斯著名的桥是叹息桥(1595 年),它横跨在公爵府与监狱之间的小河上空,桥的体量不大,可是却做成拱廊形状,造型异常精美,柔和的曲线把河道两旁平直的建筑也组织得生动活泼了。

图 2-31 威尼斯 大运河沿岸景观

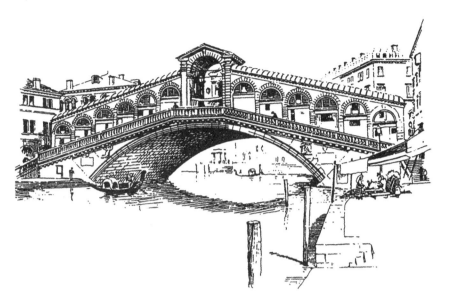

图 2-32 威尼斯 里阿尔托桥

　　威尼斯的一般建筑也都有自己的特色。过去由于威尼斯曾是强大的共和国与东西商业贸易的中心，不少贵族富商聚集于此，便先后在大运河两岸建造了许多开朗明快、精美悦目的府邸。这些府邸一般为三四层，高30米左右，底层多半是客厅及服务性用房，以便出入乘船，上面各层主要是生活起居的房间。在府邸门前的运河旁都设有一些画桩，作为系船柱，同时也成了运河上的点缀小品。威尼斯由于夏季气候炎热，居民常喜欢户外活动，但限于岛上地段狭小，不宜布置花园，故房屋多设有券廊、阳台，便于通风纳凉与观赏风景。在文艺复兴时期，威尼斯的建筑造型与意大利中部各城不大相同，因其地理位置离罗马较远，古典形式不甚严格，反而带有哥特建筑的遗风，常在文艺复兴建筑造型上做有连续尖券，公爵府内院即为一例。威尼斯建筑的造型，一般来说较佛罗伦萨轻巧精致，古典柱式和壁柱亦自由应用，建筑外部多用白大理石饰面或用红黄色粉刷，红瓦屋顶上常点缀着大小不一的老虎窗和一个个突出的烟囱。在靠河畔的立面上，常设置集合式窗，而佛罗伦萨建筑的粗石墙面在威尼斯则不大流行。文艺复兴建筑的装饰细部也都非常精致，且在枝叶雕刻中多加以海藻纹样。后来巴洛克风格的自由曲线装饰甚受欢迎，因为它可以表示自由独立的精神与繁荣富庶的特点。

　　今天，威尼斯执东西方商业牛耳的时期已经过去，但它迷人的风采却不减当年。

### 2.4.10 圣马可广场

　　威尼斯城市建设中最值得赞美的还是圣马可广场，它是在历史上逐步形成的，但它的最后规划与完成是在文艺复兴时期。圣马可广场是威尼斯的市中心，也是城市建设与建筑艺术的优秀范例，多少年来一直为人们所称颂。拿破仑称它为"欧洲最美丽的客厅"。斯密思，美国的一位作家和艺术家，在《今天的威尼斯》（1896年）一书中说："全世界只有一个伟大的广场，而它就位于今天圣马可教堂的前面。"著名的城市规划家老萨里宁在《城市》一书中写道："……也许没有任何地方比圣马可广场的造型表现得更好了，它把许多分散的建筑物组成一个壮丽的建筑艺术总效果，……产生了一种建筑艺术形式的持久交响乐。"

圣马可教堂是圣马可广场的主题建筑，始建于公元830年，造型采用的是拜占庭建筑风格。教堂外部带有明显的罗马风建筑特点和文艺复兴时期的装饰细部，但教堂总体效果仍和谐统一，庄严华丽，令人叹为观止。

圣马可钟塔是广场最突出的标志，从远处的海上就可看到它那挺拔秀丽、高耸入云的体形。这座钟塔高99米，一共9层，现在内部装有电梯，可以直登塔顶俯瞰全城。塔顶上站着的威尼斯保护神圣马可的雕像，在阳光照耀下闪闪发光，加上顶部丰富的色彩，好似天宫楼阁一般（图2-33）。

公爵府位于圣马可教堂的南面，造型严谨而华丽，为当时最大的公共建筑，也是威尼斯强大的象征。这座建筑始建于公元814年，后来，它经过了多次重修，最后到1578年才完成现在的规模，但仍然保持着原来哥特式建筑的风格，是建筑史上的代表作品。公爵府下面两层都是由连续的白色石柱与尖券所做成的拱廊，第三层墙面为白色与玫瑰色大理石镶嵌，做成斜方格图案，在屋檐上还装有一排哥特式的小尖饰（图2-34）。公爵府的中间围有一个大庭院，庭院内的建筑形式主要采取的是文艺复兴风格，但在第二层则采用了联排的尖券拱廊，以暗示与外部的联系。院内有一座巨人楼梯，上面两旁立着战神马尔斯和海神奈泊通的雕像，象征着

图2-33 威尼斯 圣马可
广场沿海景观

威尼斯在陆上和海上的霸权。

在圣马可教堂两旁耸立着的是两座巨大的三层行政办公楼。两座建筑都是在16世纪文艺复兴时期建造的，形体很相像，都是古典柱式与拱券所组成的石建筑，底层则是连续的拱廊，现在里面已改为商店了。

和公爵府对面的是圣马可图书馆，建于1536年。它那古典柱式与栱券相结合的造型，与周围的建筑既相协调又有差别，文艺复兴建筑大师帕拉第奥称赞它是"最漂亮的作品"。

圣马可广场这个著名的市中心区域是威尼斯唯一的公共活动场所，广场上没有任何交通工具进入，充分体现了人的权利。

广场的平面基本上呈曲尺形，实际上却是由三个大小不同的空间组成的复合式广场。大广场是主要的公共活动中心。采取了封闭的处理、靠海的小广场则是从海上来时的前奏，两端都是开敞着的。在大广场与小广场之间放了一个高耸的钟塔作为过渡，同时把圣马可教堂稍稍伸出一些，对从海上来的人们起着逐步展示的引导作用。象征着小广场入口的两根花岗石柱子，用意也很巧妙，使广场内外空间似分似合，与大自然的美景融为一体，既起到分隔作用，又不遮挡视线。在教堂北面角落上，还有一个不大惹人注意的小空间，也称之为小狮子广场，中间有一个不高的长方形平台，前面用一对狮子作为标志，造成闹中取静的环境，不过周围的建筑形式不大协调，显得比较凌乱（图2-35）。

图2-34 威尼斯 公爵府拱廊

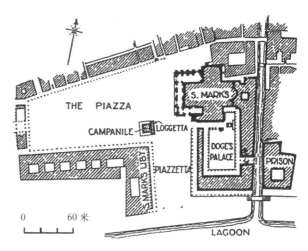

图2-35 威尼斯 圣马可广场平面

组成圣马可广场的三个空间都做成梯形平面，入口的一边较窄，主题建筑一边较宽，它可以利用透视的原理产生很好的艺术效果，使人们从入口看主题时，在视觉上更加强调广场的开阔与主题的宏伟。从教堂向入口看时，则会感到更加深远，这种手法在文艺复兴时期的广场中应用极为普遍。

广场建筑群的艺术构图很有节奏，高耸的钟塔打破了周围建筑的单调的水平线条，不但起了艺术对比作用，而且还显得重点突出。广场周围的建筑物由于都是各个时代陆续建成的，在造型上有着丰富的变化，同时也很和谐统一。广场的地面异常整洁，用大理石块拼成有彩色图案，在教堂前点缀着三根大旗杆和两排胜利灯柱，每当节日之际，旌旗招展，

**图 2-36** 威尼斯 圣马可广场内景

鸽群飞翔，人们载歌载舞，更是呈现一派欢乐景象。

大广场的面积为 1.28 公顷，与周围建筑高度的比例很恰当，同时也很适应人的尺度。大广场的深度为 175 米，教堂一边的宽度为 90 米，西面入口一边的宽度为 56 米，长与宽大约成 2：1 的关系。钟塔距西面入口约为 140 米，当人们进入西面入口时，便能从券门中呈现出一幅完整的广场建筑群的生动画面。塔高与视距的比大约为 1：1.4，位置适宜，组合得体，是广场建筑群设计的上乘之作（图 2-36）。

为了使封闭的广场与开阔的海面有所过渡，四周建筑底层全采用了外廊。同时，从小广场向南望，还清晰可见在海湾对面小岛上的美丽对景——圣乔治教堂（1560 ~ 1575 年），这座小教堂的钟塔也和圣马可广场的巨大钟塔遥相呼应。

总之，圣马可广场不论在空间处理方面、设计手法方面、结合自然环境方面、建筑艺术方面还是比例尺度方面，都具有高度的成就，值得借鉴。它不愧为一座最美丽的广场！

目前，威尼斯由于地面下沉的关系，整个城市正在以前所未有的速度向海中沉降，圣马可广场和许多街道都在海潮高涨时受到冲击，许多著名的建筑物的底层都被水淹没，这是亟待解决的问题。

## 2.5 法国的古典主义杰作

17 世纪的法国是欧洲最强盛的国家，文化、艺术与建筑都崇尚古典主义，享誉世界的卢佛尔宫与凡尔赛宫就是这一时期古典主义建筑的杰出代表。

由于王权的强大、资产阶级的兴起、城市经济的活跃，于是世俗文化进一步得到发展，这就使当时的资产阶级、国王和贵族们很乐意接受意大利的文艺复兴文化。17 世纪下半叶，法王路易十四（1643 ~ 1715年）执政，法国封建专制制度发展到了顶点，王权和军事力量空前强大。路易十四时期的法国，可以说是欧洲最强大的君主政权，路易十四曾经宣称"朕即国家"，并且努力运用科学、文学、艺术、建筑等等一切可以利用的东西，宣传忠君即爱国、爱国即忠君的思想。

强盛而黩武的法国称霸于欧洲，它也成了欧洲的文化中心。欧洲各国奴颜婢膝地从法国学习一切，从文学、艺术的式样直到走路和鞠躬的姿态。

### 2.5.1 古典主义

在 17 世纪专制王权的极盛时代里，文化、艺术和建筑的活动都有了飞速的进展。建筑为了适应专制王权的需要，在这时期极力崇尚庄严的古典风格。在建筑造型上表现为严谨、华丽、规模巨大，特别是古典柱式应用得更普遍了；内部装饰丰富多彩，也应用了一些巴洛克的手法。规模巨大而雄伟的宫廷建筑和纪念性的广场建筑是这时期的典型，特别是帝王和权臣大肆建造离宫别馆，修筑园林，成为当时欧洲学习的榜样。这时期的宗教建筑地位降低了，17 世纪只有耶稣会建造了一些规模不大的巴洛克式教堂，17 世纪后半叶教堂的式样则变为古典风格的了。

随着古典风格的盛行，1671 年在巴黎设立了建筑学院，培养的人材多半出身于贵族，他们瞧不起工匠，也连带着瞧不起他们的技术。从此，劳心者和劳力者截然分开，建筑师走上了只会画图而脱离生产实际的道路，形成了所谓崇尚古典形式的学院派。学院派的建筑和教育体系，一直延续到 20 世纪初。在它培养出来的建筑师中间形成了对建筑的概念，对建筑师的职业技巧的概念和对建筑构图艺术的概念，这些概念在西欧建筑界统治了几百年之久。

园林艺术到路易十四时期也有着很大的进展。在路易十四时期之前，花园最多只有几公顷大，直接挨着府邸。到路易十四时代，出现了占地非常广阔的大花园，甚至包括整片的森林，建筑物反倒成了这大花园中的一个组成部分。这时期著名的造园艺术家是勒诺特（1613 ~ 1700 年），他的代表作品是凡尔赛宫的苑囿。法国这时期园林的特点是规则式的，强调几何的轴线，这种规划方式反映着"有组织、有秩序"的古典主义原则。法国园林的风格对欧洲有很大的影响。

18 世纪法王路易十五统治时期，巴黎建筑学院仍然是古典主义的大本营，他们在理论上崇拜着意大利的帕拉第奥。同时，本时期在城市广场建设方面具有突出的成就，巴黎的和谐广场（1755 ~ 1772 年）与南锡的市中心广场（1752 ~ 1755 年）都是杰出的例子。

### 2.5.2　卢佛尔宫

卢佛尔宫是法国历代国王的宫殿，建造时间为 1546 ~ 1878 年，前后延续达三百多年之久。卢佛尔宫的建造是从法王法兰西斯一世开始的，其中路易十四时期是宫殿建设的兴盛时代。卢佛尔宫的建筑艺术展示了法国各个历史阶段的成就。它和都勒利宫一起总共占地约 18.2 公顷，是欧洲最壮丽的宫殿建筑之一。

卢佛尔宫在中世纪时，原来是国王的一个旧离宫。1546 年，法王法兰西斯一世委派建筑师勒斯考（1515 ~ 1578 年）在原有哥特式建筑的位置上重新建造新的宫殿，就是现在卢佛尔宫院的西南一角。这个设计采用了 16 世纪法国最流行的文艺复兴府邸的形式，平面布置成一个带有角楼的封闭的四合院，院子大约只有 53.4 米见方。

1624 年，法王路易十三决定扩建卢佛尔宫，放弃了原来勒斯考的方案，命建筑师勒麦西尔开始建造现在的庭院（1624 ~ 1654 年），扩大到120 米见方，面积比原来的院子大 4 倍。但他只是向北延长了西面已建成的部分，完全照样造起了对称的一翼，并加上了中央塔楼，成为西面的主体。

内院的立面还保留着原状。这一部分一共有九个开间，第一、第五、第九的三个开间向前凸出，形成了立面的垂直划分部分，它们的上面有弧形的山墙。这种处理，虽然完全用的是柱式，但却是法国的传统手法。阁楼的窗子不再是一个个独立的老虎窗，而是连成一个整齐的立面，好像是第三层楼。中央塔楼部分比两侧高起一层，屋顶也特别强调法国的传统做法，重点很突出。

整个立面的装饰很精致，由下向上逐渐丰富。第一层是科林斯柱式，在檐壁上有些浮雕；第二层是混合柱式，檐壁上的浮雕比第一层的深，而且窗子上的小山花里，也刻着精致的浮雕；阁楼的窗间墙上布满了雕刻，它的檐口上也有一排非常细巧的装饰。这些装饰均是出自名家之手（图2-37）。

路易十四时期，著名建筑师勒伏曾在卢佛尔宫设计了宫院的南面、北面和东西的建筑物。这三面建筑物朝内院的立面都是按照已经完成的部分设计的。1667～1674年，路易十四指定勒伏、勒勃仑和彼老三人合作重新改建外立面，于是建成了闻名的卢佛尔宫东廊（图2-38）。卢佛尔宫东廊的设计与建造是完全遵循古典主义原则进行的。

卢佛尔宫东廊是添加在已经建成的东部建筑物上的，所以它和内部房间没有很好的联系，虽然在建造它的时候拆改了部分原有的建筑物。东立面总长 172 米，从现在的地面算起，高 29 米。在建造的时候，因为有护壕，所以下面还有一段大块石的墙基。

这个立面在横向分成五部分，但是，整个立面很长，因此，立面上占主导地位的是两列长柱廊，中央部分和两端仅仅以它们的实体来对比衬托这个廊子。廊子用 14 个凹槽的科林斯双柱，柱子高约 12.2 米，贯

图 2-37　巴黎　卢佛尔宫内院

通第二、第三层，而第一层则作为基座处理，以增加它的雄伟感。这个东立面是皇宫的标志，它摒弃了繁琐的装饰和复杂的轮廓线，以简洁和严肃的形象取得了纪念性的效果。用同样的手法又重建了卢佛尔宫院的南、北两个立面。

在这个立面上，柱式构图是很严格的，它的主要部分的比例保持着简单的整数比，具有精确的几何性。它是古典主义的唯理主义思想的具体表现，以冷冰冰的计算代替了生动的造型构思。

图2-38　巴黎　卢佛尔宫东廊

17-18世纪，古典主义思潮在全欧洲占统治地位时，卢佛尔宫的东立面极受推崇，普遍地认为它恢复了古代"理性的美"，它成了18和19世纪欧洲宫廷建筑的典范。

卢佛尔宫里的阿波罗长廊（1662年）的内部装修是著名画家勒勃仑的作品，最后在1849～1853年由画家都班补充完成。它总长61米，宽9.4米，最高点11.3米，是路易十四时代宫殿内部装饰的代表作品之一。

17世纪末，路易十四以全力经营凡尔赛宫，卢佛尔宫的建设便停顿了下来，直到19世纪初拿破仑一世时又扩建了卢佛尔宫院的西部外立面，并拟将卢佛尔宫与都勒利宫连接起来。直到拿破仑三世时才最后完成了现代的路易拿破仑广场南北的建筑物（1850～1857年），实现了这个意图，即所谓的"新卢佛尔宫"。

卢佛尔宫的规模是巨大的，在技术上与艺术上都集中了当时匠师们的最高成就，同时也充分反映了法国古典主义建筑的特征。

卢佛尔宫目前已改为法国国家艺术博物馆，珍藏着世界许多珍贵的艺术品，著名的古希腊维纳斯雕像、意大利文艺复兴时期杰出的艺术家达·芬奇所作的"蒙娜丽莎"画像都珍藏在这里。现在每年来参观的人大约有370万。为了解决人流交通及辅助用房的需要，80年代末，法国政府提出了扩建卢佛尔宫陈列与办公用房共46000平方米，并聘请贝聿铭建筑师进行设计，这就是闻名的新卢佛尔宫金字塔方案，虽然它也曾引起轩然大波，但最后经法国政府批准，仍于90年代初建成。卢佛尔宫不仅是一座古典主义建筑艺术的里程碑，而且也是一座享誉世界的艺术殿堂。

### 2.5.3　凡尔赛宫

闻名遐迩的凡尔赛宫是法王路易十四和路易十五时期古典主义建筑的代表作。建造时间从1661年开始，直到1756年才基本结束。

路易十四时期是法国专制王权最昌盛的时期，宫廷成为社会的中心，也是建筑活动的主要对象。为了进一步显示绝对君权的威严气派，先辈留下的宫殿已不能满足路易十四的要求，于是建造规模巨大的凡尔赛宫便提上了日程。

　　凡尔赛原来是一个帝王的狩猎场，在巴黎西南 18 千米处。1624 年，法王路易十三曾在这里建造过一个猎庄，平面为三合院式，开口向东，外形是早期文艺复兴的式样，还带有浓厚的法国传统。建筑物是砖砌的，有角楼和护壕。1661 年，路易十四决定在旧猎庄的位置上新建宏伟的凡尔赛宫，并将建筑师勒伏从卢佛尔宫的施工现场上调来这里设计建造。

　　路易十四有意保留这所古老的三合院砖建筑物，并且使它成为未来的庞大的凡尔赛宫的中心。这就是后来的"大理石院"（图 2-39）。勒伏奉命在原来建筑物的外围南、西、北三面扩建，又把两端延长和后退，在大理石院前面形成一个御院，在御院前面，由辅助房屋和铁栅形成凡尔赛宫的前院。再前面则是一个放射形的广场，称之为练兵广场。新的建筑物都是用石头建造的。

　　凡尔赛宫的规模和面貌主要是在 1678 ~ 1688 年间由学院派古典主义的代表者，裘·阿·孟莎决定的。孟莎设计了凡尔赛宫的西北两端，使它成为总长度略略超过 400 米的巨大建筑物。在中央部分的西面，孟莎补造了凡尔赛宫最主要的大厅——73 米长的镜厅，它可以和卢佛尔宫的阿波罗长廊相媲美（图 2-40）。

图 2-39　凡尔赛宫中心"大理石院"

　　大理石院的中央部分，因为是旧猎庄的正房，是路易十四的生活部分，所以这时候也把它的立面稍为修整了一番。凡尔赛宫本身的最后完成，是在 1756 年路易十五统治时期。其平面布置是非常复杂的。南翼是王子和亲王们居住的地方，北翼是法国中央政府各部门的办公处，御院北面的教堂是很有代表性的古典主义建筑。

　　凡尔赛宫的中央部分，即国王和王后的起居部分，是法国封建统治的中心。为了把路易十四的卧室放在中央，连教堂都得让位

图 2-40　凡尔赛宫镜厅

而移到旁边。中央部分的内部,布置有宽阔的连列厅和富丽堂皇的大楼梯。墙壁与顶棚装有华丽的壁灯和吊灯,并布满了浮雕壁画,而且用彩色大理石镶成各种几何图案。在大厅里还陈设有立像、胸像等雕刻品。

　　凡尔赛宫的西边是花园,它是世界上最大的的和最著名的皇家园林,也是规则式园林的典型。它的面积约有 6.7 平方千米,设计者是著名的造园家勒诺特。花园有一条长达 3 千米的中轴线,和宫殿的中轴线相重合,中轴线上有明澈的水渠。水渠成十字形,横向水渠的北头是大特里阿农宫（1687 年）,南头是动物园,在水渠和宫殿之间,有一片开阔的草地和花坛,它的两侧是密林。花园的大路和水渠的尽端或交叉点上,都设有对景。除建筑小品外,还点缀着水池、雕像和喷泉,它们都有很高的艺术水平。在凡尔赛花园中,许多景物的题材都是以阿波罗为中心,因为阿波罗是太阳神,象征"太阳王"路易十四。花园之外是森林和旷野,所以从宫殿里看出去,花园是没有边界的。

　　凡尔赛宫的东面广场有三条放射的大道,中央一条通向巴黎市区的叶丽赛大道和卢佛尔宫。在三条大道的起点,夹着两座单层的御马厩,这御马厩是石头造的,像贵族府邸一样讲究精致,甚至还用雕刻装饰起来。这将专制君主的夯奢极欲表露无遗。放射性的大道是新的城市规划手法,它也反映了唯理主义的思想与巴洛克的开放特点。

　　凡尔赛宫在设计上的成功之处,是把功能复杂的各个部分有机地组织成为一个整体,并且使宫殿、园林、庭院、广场、道路紧密地结合起来,形成一个统一的规划,强调了帝王的尊严（图 2-41）。从正立面看,由于宫殿的前后错综复杂,和一望无边的房屋,加上严谨而又丰富的古典主义建筑外形,有宏伟壮丽的建筑群效果。宫的西面外观,也就是靠花园的一边,共有三层,底层是粗石墙面,上面是一排壁柱,顶上有一层阁楼和栏杆,在 400 多米长的水平轮廓线上,没有起伏的变化,虽古典

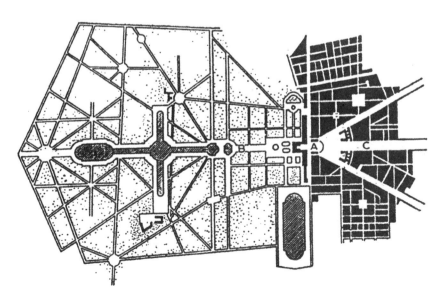

A. 宫殿区

B. 花园区

C. 城镇区

图 2-41　凡尔赛宫与花园平面

主义理性有余，但比起正面生动活泼的形象则略逊一筹。

　　凡尔赛宫是法国绝对君权的纪念碑。它不仅是帝王的宫殿，而且是国家政府的中心，是新的生活方式和新的政治观点的最完全、最鲜明的表现。为了建造凡尔赛宫，当时曾集中了3万劳力，组织了建筑师、园艺师和各种技术匠师参与。除了建筑物本身复杂的技术问题之外，还有引水、喷泉、道路等各方面的问题。这些工程问题的解决，证明17世纪后半叶法国财富的集中和技术的进步，也表现了工程技术人员和工匠的智慧在建筑史上所作出的成就。

　　提到凡尔赛宫就不能不使人联想起维康府邸，它原是路易十四时期财政大臣福克的别墅，位于巴黎南面的默伦地方，建于1657～1661年。福克曾请了当时最好的建筑师勒伏为他设计这座府邸，又请了最著名的园林家勒诺特为他设计花园。建筑的中央是一个椭圆形的大"沙龙"（客厅），两侧是起居室和卧室，都朝向花园。建筑共二层，正立面应用了古典的水平线脚与柱式，屋顶具有法国特色。整座建筑造型严谨，表达了法国古典主义的典型特征。在府邸的后面是大花园，园内不仅水池、花坛秀丽，而且还有许多栩栩如生的雕像点缀。因此，虽建筑与园林规模不如王宫气派，但室内外装饰精美的程度却举世非凡。当维康府邸于1661年落成时，福克大臣极为满意，遂决定邀请国王与群臣到他的新府邸作客聚会以炫耀他的新居。法王路易十四果然应邀前来，他一看到维康府邸确实不同一般，即使王宫也自愧不如，于是回到卢佛尔宫后便决定要兴建凡尔赛宫，其豪华程度一定要超过维康府邸。并且于同年即将勒伏与勒诺特派往凡尔赛现场，这便促成了这座欧洲最雄伟华丽的宫殿的诞生。然而，福克大臣并没有能达到炫耀的目的，正好事与愿违，路易十四很快查出了他的问题，将他问罪并流放（图2-42）。

图2-42　巴黎南郊维康府邸

### 2.5.4 残废军人新教堂

它亦称伤兵院教堂，是国王路易十四军队的纪念碑，也是 17 世纪法国古典主义建筑的代表之一（图 2-43）。新教堂接在旧教堂的南端，建于 1680 ~ 1691 年，建筑师是凡尔赛宫的主要设计人裘·阿·孟莎。

新教堂的平面呈正方形，中央覆盖着高高的穹窿顶。在穹窿顶下的空间是由等长的四臂形成的希腊十字，四个斜角上是四个圆形的祈祷室。教堂之所以采取这个形制，是因为要给予残废军人教堂一个雄伟的象征，让人们远远看到它，尊敬那些为君主流血牺牲的人。

新教堂的正面朝西，高大的穹窿顶是它的构图中心，方方正正的教堂体形看起来像是穹窿顶的基座。这种古典构图的体形增强了教堂的纪念性。

教堂的内部处理也非常简洁，里面很少有宗教神秘的气氛。它的穹窿顶有三层，最外面一层是木架子搭的，里面两层是石头砌的。最里层穹顶的底直径是 27.7 米，顶上正中又一个直径大约为 16 米的圆洞。从圆洞望出去，是第二层穹顶，它的上面画满着画，带翼的天使在蓝天白云之中振翅翱翔。第二层穹顶的底部有窗子采光，可以把画面照亮，产生了很好的效果。

在残废军人新教堂的穹窿顶之下方正中，后来修建了一个圆形的池子，池子的当中放着拿破仑一世的棺材。

图 2-43 巴黎 残废军人新教堂

### 2.5.5 南锡广场

南锡市中心广场是由一个长圆形广场，一个狭长的跑马广场和一个长方形广场组成的，它是法国最精美的建筑群之一（图 2-44）。三个广

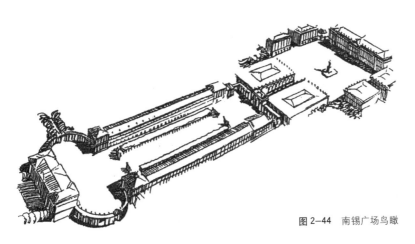

图 2-44 南锡广场鸟瞰

场在一条纵轴线上，全长450米。长圆形广场在北头，原来叫皇家广场，后来叫政府广场；长方形广场在南头，原来叫路易十五广场，后来以公爵斯丹尼斯拉命名；跑马广场夹在中间。

长圆形广场的北边是市长官邸，前面两边有一条弧形柱廊，把官邸和跑马广场两侧的建筑物连接起来，这两侧的房屋彼此是完全对称的，而在靠近长方形广场这一头做重点处理。

在跑马广场和长方形广场之间隔着一条很宽的护城壕（约40~65米宽），有一座桥架在上面，在跑马广场这一边的桥头前有一个凯旋门。

长方形广场的南面是市政厅，广场的东西两侧也有房子。广场正中立着路易十五的雕像，面对着桥，左右正对着从东西来的两条大路。广场的四个角是敞开的。

南锡市中心广场是半开半闭的广场，空间组合有收有放，变化丰富，又很统一。树木、喷泉、雕像、栅栏门、桥、凯旋门和建筑物等之间的配合也很成功。目前它已成了法国的重要景点之一。

## 2.6 浪漫的巴洛克与洛可可风格

### 2.6.1 意大利巴洛克建筑

巴洛克建筑风格的诞生地是17世纪的意大利，它是在晚期文艺复兴古典建筑的基础上发展起来的。由于当时刻板的古典建筑教条已使创作受到了束缚，加上社会财富的集中，需要在建筑上有新的表现，因此，首先在教堂与宫廷建筑中发展起了巴洛克建筑风格。这种思潮很快地在欧洲流行起来。巴洛克建筑风格的特征是大量应用自由曲线的形体，追求动态；强烈的装饰、雕刻与色彩；爱用互相穿插着的曲面与椭圆形空间。

巴洛克一词的原意是"畸形的珍珠"，就是稀奇古怪的意思。因为古典主义者对巴洛克建筑风格离经叛道的行径深表不满，于是给了它这种称呼，并一直沿用至今，其实，这种称呼并不是很公正的。巴洛克风格产生的原因很复杂，最先它是出现在罗马天主教教堂建筑上，然后这种思潮逐渐影响到其他艺术领域。

巴洛克建筑的历史渊源最早可上溯到16世纪末罗马的耶稣会教堂（1568~1584年），它是从手法主义走向巴洛克风格的最明显的过渡作品，也有人称之为第一座巴洛克建筑。耶稣会教堂的设计人是意大利文艺复兴晚期著名建筑师维尼奥拉和泡达。耶稣会教堂平面为长方形，端部突出一个圣龛，由哥特式教堂惯用的拉丁十字形演变而来，中厅宽阔，两翼不明显，拱顶满布雕像和装饰。两侧用两排小祈祷室代替原来的侧廊。十字正中升起一座穹窿顶。教堂的圣坛装饰富丽而自由，上面的山花突破了古典法式，作圣像和装饰光芒。教堂外观借鉴早期文艺复兴建筑大师阿尔伯蒂的佛罗伦萨圣玛丽亚小教堂的处理手法。正门上面分层檐部和山花做成重叠的弧形和三角形，大门两侧采用了半圆倚柱和扁壁柱。正面外观上部两侧作了两对大卷涡。这些处理手法别开生面，后来被广泛仿效。

　　巴洛克风格打破了对古罗马建筑理论家维特鲁威的盲目崇拜，也冲决了文艺复兴晚期古典主义者制定的种种清规戒律，反映了向往自由的世俗思想。另一方面，巴洛克风格的教堂富丽堂皇，而且能造成相当强烈的神秘气氛，也符合天主教会炫耀财富和追求神秘感的要求。因此，巴洛克建筑从罗马发端后，不久即传遍欧洲，以至远达美洲。有些巴洛克建筑过分追求华贵气魄，到了繁琐堆砌的地步。

　　从17世纪30年代起，意大利教会财富日益增加，各个教区先后建造起自己的教堂。由于规模小，不宜采用拉丁十字形平面，因此多改为圆形、椭圆形、梅花形、圆瓣十字形等单一空间的殿堂，在造型上大量使用曲面。典型实例有罗马的圣卡罗教堂（1638～1667年，图2-45），由波洛米尼设计。它的殿堂平面近似橄榄形，周围有一些不规则的小祈祷室；此外还有生活庭院。殿堂平面与天花装饰强调曲线动态，立面山花断开，檐部水平弯曲，墙面凹凸很大，装饰丰富，有强烈的光影效果。尽管设计手法纯熟，也难免有矫揉造作之感。威尼斯的建筑一向比较自由，因此对巴洛克建筑风格颇有好感，巍然矗立于大运河南岸出口处的圣玛利亚·塞卢特教堂（1632～1682年）就是威尼斯巴洛克建筑的代表作。它的规模相当之大，平面为八角形，正门对着大运河，建筑造型复杂而自由，立面上冠以大圆顶，并有带卷涡的扶壁支撑及曲线装饰，可以算是威尼斯的重要标志之一。17世纪中叶以后，巴洛克式教堂在意大利风靡一时，其中不乏新颖独创的作品，但也有手法拙劣、堆砌过分的建筑。

　　教皇当局为了向朝圣者炫耀教皇国的富有，在罗马城修筑宽阔的大道和宏伟的广场，这为巴洛克自由奔放的风格开辟了新的途径。17世纪罗马建筑师丰塔纳建造的罗马波波罗广场，是三条放射形干道的汇合点，中央有一座方尖碑，周围设有雕像。在放射形干道之间建有两座对称的样式相同的教堂。这个广场开阔奔放，欧洲许多国家争相仿效。法国在凡尔赛宫前，俄国在彼得堡海军部大厦前都仿造了放射形

图2-45　罗马　圣卡罗教堂

广场。杰出的巴洛克建筑大师和雕刻大师伯尼尼设计的罗马圣彼得大教堂前广场，周围用罗马塔司干柱廊环绕，整个布局豪放，富有动态，光影效果强烈。

### 2.6.2 德国、奥地利和西班牙的巴洛克建筑

巴洛克建筑风格也在中欧一些国家流行，尤其是德国和奥地利。17世纪下半叶，德国不少建筑师留学意大利归来后，把意大利巴洛克建筑风格同德国的民族建筑风格结合起来。到18世纪上半叶，德国巴洛克建筑艺术成为欧洲建筑史上一朵奇葩。

德国巴洛克式教堂外观简洁雅致，造型柔和，装饰不多，外墙平坦，同自然环境相协调。教堂内部装饰则十分华丽，图案多用自由曲线造成内外的强烈对比。著名实例是班贝格郊区的十四圣徒朝圣教堂（1744～1772年）、罗赫尔的修道院教堂（1720年）。十四圣徒朝圣教堂平面布置非常新奇，正厅和圣龛做成三个连续的椭圆形，拱形顶棚也与此呼应，教堂内部上下布满用灰泥塑成的各种植物形状装饰图案，金碧辉煌。教堂外观比较平淡，正面有一对塔楼，装饰有柔和的曲线，富有亲切感。罗赫尔修道院教堂也是外观简洁，内部装饰精致，尤其是圣龛上部天花，布满用白大理石雕刻的飞翔天使；圣龛正中是由圣母和两个天使组成的群雕；圣龛下面是一组表情各异的圣徒雕像。

奥地利的巴洛克建筑风格主要是从德国传入的，尤其在18世纪上半叶，有许多著名的建筑都是德国建筑师设计的。奥地利典型的巴洛克建筑如梅尔克修道院（1702～1714年）就是一例，它的外表非常简洁，内部与顶棚却布满浮雕装饰，色彩绚丽夺目，表现了教会拥有权势的华贵风格。

西班牙的巴洛克建筑则非常富有特色，它是在巴洛克风格基础上又加上了伊斯兰装饰的特点。这种风格兴起于17世纪中叶，造型自由奔放，装饰繁复，富于变化，但往往有的建筑装饰堆砌过分。西班牙圣地亚哥大教堂（1738～1749年，图2-46）是这一时期建筑的典型实例。

总之，巴洛克建筑是建筑史上的一朵奇花，它使人感到

图2-46 西班牙 圣地亚哥教堂

变幻莫测，既为表现教会显赫的权势与宗教神奇色彩收到了成功的效果，同时，这种风格也在反对僵化的古典形式，追求自由奔放的性格方面起了重要的作用。

### 2.6.3　洛可可风格

这种风格在 18 世纪 20 年代产生于法国，它是在意大利巴洛克建筑的基础上发展起来的，主要用于室内的装饰，有时也表现在建筑的外观上。洛可可风格的特点是：室内应用明快的色彩和纤巧的装饰，家具也非常精致而偏于细腻，不像巴洛克建筑风格那样色彩浓艳和装饰起伏强烈。德国南部和奥地利洛可可建筑的内部空间非常复杂。洛可可装饰的特点是：细腻柔媚，常常采用不对称手法，喜欢用弧线和"S"形线，尤其爱用贝壳、旋涡、山石作为装饰题材，卷草舒花，缠绵盘曲，连成一体。顶棚和墙面有时以弧面相连，转角处布置壁画。为了模仿自然形态，室内建筑部件也往往做成不对称形状，变化万千，但有时流于矫揉造作。室内墙面粉刷，爱用嫩绿、粉红、玫瑰红等柔和的浅色调，线脚大多用金色。室内护壁板有时用木板，有时做成精致的框格，框格上部常做成圆弧形，框内四周有一圈花边，中间常衬以浅色东方织锦。

洛可可风格反映了法国路易十五时期宫廷贵族的生活趣味，因此这种风格曾风靡欧洲。它的代表作是巴黎苏俾士府邸的公主沙龙（图 2-47）和凡尔赛宫的王后居室。19 世纪末这种风格也受到美国资产阶级的欢迎，他们为了表现新贵族的奢侈豪华，在室内也常用洛可可风格，其装饰豪华细腻的程度也不亚于当年的法国。例如美国罗德岛州纽波特城在 1892 年为火车大王凡德比尔特建造的"浪花大厦"，同年为凡德比尔特之弟新建的"大理石大厦"，以及于 1901 年为伯温德新建的"埃尔姆斯别墅"等，都在椭圆形沙龙中应用了洛可可的装饰风格。

图 2-47　巴黎　苏俾士府
邸的公主沙龙

# 第 **3** 章　东方建筑文化探秘 [①]

东方是世界文化最早的发祥地，相传古罗马时代的欧洲人曾把亚洲和北非一带称为东方，以表示与欧洲大陆文化的区别，这个模糊的概念一直沿用至今。

公元前 3500 到前 3200 年左右，在非洲的尼罗河流域就已经出现了古老的埃及王国，几乎与此同时，在亚洲西部的两河流域也出现了人类文明的历史。公元前 3000 年到公元前 2000 年之间，印度和中国的文化也已崭露头角，尤其是 7 世纪以后发展起来的伊斯兰文化与建筑，已使世界文化更加丰富多彩，它的影响还通过北非传入西班牙。亚非地区在古代曾为世界文化做出过卓越的贡献，有过辉煌的历史，它们已被誉为世界文化的摇篮。只是到了近代，由于资本主义的侵略，才使这些地区的文化遭到抑制。但是我们却不能忘记历史，因为世界建筑文化遗产是各族人民共同创造的，冷落与湮没的文化遗产值得我们重新发掘与审视，它可以供我们欣赏，给我们以鼓励和借鉴，并能促使各族人民在发扬原有传统特色的基础上创造新的建筑文化。

## 3.1　在金字塔的国度里

如果说历史是写在纸上的，那么古埃及的历史就是写在石头上，它那雄伟永恒的石建筑正是埃及历史的写照。这些石建筑的艺术形象已成了古代埃及的象征。

古代的埃及是人类文明最早的发源地之一，大约在公元前 3200 年左右就已经形成了统一的国家。它地处非洲尼罗河流域的北部，沿岸山脉连绵起伏，盛产花岗岩、石灰岩、砂岩，以及其他各种适于建筑用的石头，为建筑材料提供了富饶的源泉。也正是这些丰富的石材为埃及建造了金字塔这样的世界奇观。

### 3.1.1　金字塔

金字塔是古代埃及人用来埋葬国王的陵墓，它用石块砌成方锥体的形状，由于体量庞大，外形似中文的"金"字，因此中国称之为金字塔。

古埃及是政教合一、君主独裁的奴隶制国家，一切行政、军事、宗教权力都集中在国王之手，国王被视为神圣不可侵犯，国王的名字上常

---

① 东方文化的概念参见【英】汤因比著《历史研究》绪论

冠有各种尊号，并渐渐尊称为"法老"（意为宫殿），犹如中国人尊称皇帝为"陛下"一样。同时，古埃及在宗教迷信的影响下，认为人死后，灵魂永生，要在千年之后复活，过着比生前更好的生活。因此就造成古埃及的统治者们把陵墓看成为死后的宫殿，使陵墓建筑占有非常重要的地位。

在尼罗河西岸的萨卡拉、吉萨和阿布西尔等地，曾经修建了很多古代埃及的陵墓，其中在萨卡拉的第三王朝昭赛尔金字塔是第一个完全用石头建成的陵墓，建于公元前2778年，是六层阶梯式金字塔，高约60米，底边是126米×106米的方形。这是国王陵墓从模仿原有小型坟墓向创造方面发展的过渡实例。在其周围还有庙宇和一些附属性的建筑物，也属保存至今最早的一批石建筑。

后来在吉萨陆续建造了许多金字塔，其中最著名的有第四王朝的胡夫、哈夫拉、孟卡拉的方锥形金字塔群。在这金字塔群的附近，还有一个巨大的狮身人面雕像，被称之为斯芬克斯，它是旭日神的象征，高约20米，长约45米（图3-1、图3-2）。

图3-1 吉萨 金字塔与狮身人面像

胡夫金字塔又称为齐奥普斯金字塔，是第四王朝胡夫"法老"的陵墓，也是埃及现有的金字塔中最大的一个。金字塔建于公元前2723年，位于开罗城的西南方，在尼罗河西岸的吉萨。占地约5.3公顷，塔高146.5米，塔底每边长230米，是一个正方锥体。锥体的四个倾斜面与地平的夹角为52°，全部用巨型石块干砌而成，估计每块石头约2.5吨多重，全塔用石料约250万块。塔

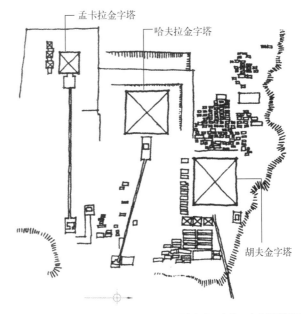

图3-2 吉萨 金字塔群平面

的表面用一层磨光的石灰岩贴面。塔的四边对着四个正方位,主要面朝东,以接受旭日初升的阳光。

金字塔的北面距地 14.5 米处有一个入口。经过入口有狭长的通道与上、中、下三个墓室相连。狭长的通道也用石块砌成,后半段是高 8.5 米、宽 2 米,直通上层主室,这是国王的墓室。国王墓室的入口处,有 50 吨重的石闸作防卫之用,室内顶部有五层大石块,可能是为了防止下沉或倒塌。室内墙壁上刻有象形文字和花纹,室内存放着"法老"的石棺。石棺内存木棺,木棺中有裹着沥青布和香料的木乃伊。室内并有两条通气洞（15 厘米 ×20 厘米）与塔外相通,可能是作为死者灵魂归来的通道。中层则是王后的墓室,另一间则在地下,大概是存放殉葬品的地方。

胡夫金字塔的出现,是古代世界的奇迹。它那抽象简洁的方锥体形衬托在蓝天和茫茫一片的大漠中,犹如脚踏大地头顶苍天,显得气势非凡,给人以强烈的艺术感染力,不愧为古代建筑艺术的丰碑。胡夫金字塔在体量上和工程技术上也都是惊人的。根据历史记载,为了建造这座金字塔,曾强行征调了 10 万人整整花了 30 年的时间,可见其工程之浩大。

在塔的西面和南面有许多贵族的长方形墓室和小金字塔,整整齐齐地排列在金字塔的周围,深刻地反映着埃及奴隶制国家等级制度的森严和国王至高无上的权威,象征着群臣们生前吻"法老"脚下的尘土,死后也得匍匐在他的周围。有的则以未挨过"法老"的鞭笞为荣,将其刻在自己的墓碑上。

塔的前边还有国王的庙宇,位置离金字塔很远,穿过大门后进入一条长达几百米的黑暗通道,通道内有许多凹形壁龛,在昏暗中神秘变幻,通道的尽头是塞满方形石柱的大厅。厅后是一个露天小院,从黑暗中出来顿感豁然开朗,迎面正是帝王的雕像,雕像背后则是遮天蔽日、直冲云霄的金字塔的塔顶。在这一望无际的大沙漠的边缘,金字塔以其稳定、简单、庞大的体形,屹立在灿烂的阳光下,巍然生辉,给人以雄伟、神秘的气氛,象征着国王的无上权威,令人肃然起敬,顶礼膜拜。

### 3.1.2 神庙

新王朝时期,统治阶级为加强中央集权,大力宣扬君权神授的教义,使各地的神庙建筑得到大量建造,并且还把宫殿和神庙结合在一起。这些庙宇和宫殿也都是石造的,规模有的相当庞大,尤其是阿蒙神庙在各地普遍受到尊重,因为国王自称是阿蒙神的儿子。

卡纳克的阿蒙神庙是埃及庙宇中最大的一个,面积达 365 米 ×111 米。庙宇建于公元前 1312 年到前 1301 年左右,以后历代的法老均有扩建和改建。 它的最大的第一道牌楼门是在公元前 330 年到公元前 30 年建造的。在阿蒙神庙的轴线上,前后排列着六道高大的牌楼门。 最前面的牌楼门高 43.5 米,宽 113 米。庙的四周还围有高 6~9 米的砖墙,庙内有各种不同的庭院和殿堂。最令人吃惊的是它的大殿,面积达 5000

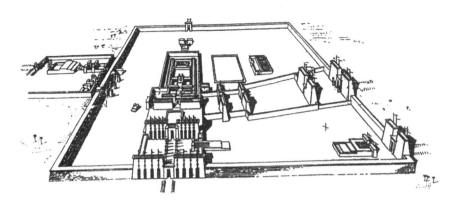

图3-3　卡纳克　阿蒙神庙

平方米，阔103米，深52米，里面密密麻麻地排列着138根高大的柱子。中间两排柱子高20.4米，直径3.57米，共12根支撑着中间的平屋顶，其余两旁的柱子比较矮，柱高12.8米，直径2.74米。上面也是平屋顶，这样就利用屋顶的高差形成侧天窗采光，柱身和梁枋上都满刻着彩色的浮雕和花纹。中央两排高大的柱子的柱头刻成莲瓣纹样的倒钟形，顶架着梁枋和平屋顶，屋顶的天花板涂以蓝色，并画有金色的星星和飞鹰。两侧的矮柱，柱头是花蕾式的，柱头上顶着一块方形盖板，然后再支撑着梁枋和屋顶。这样大面积的柱厅，仅以侧天窗采光，自然光线比较阴暗，加上大厅里石柱如林，形成非常神秘的感觉。通过中央的柱廊，再穿过一个小柱厅，是一个更为阴暗的空间，这里是祭堂，使人隐隐约约地看到放着的圣舟，更加重了神奇的气氛。

在第三、第四道牌楼门之间，由另外四个高大的牌楼门组成一条横向的轴线，门外是一条两旁排着圣羊雕像的大道蜿蜒直通缪特神庙前。与这条大道平行的，另一条一千米多长的大道，从孔斯神庙前也对称排列着圣羊雕像，位置在纵轴线的第一道牌楼门之内，这不仅扩展了轴线，并把三个庙宇连在一起，更主要的是加深了宗教的神圣气氛，使人们在进入每座神庙时，步步沉重、步步紧张，以唤起人们对神权的崇拜和敬仰（图3-3、图3-4）。

除此之外，常常在宫殿、庙宇的四周还筑有大量的仓库，以贮放粮食和珍宝，也有服务人员和奴隶的用房。国王的宫殿往往和庙宇组合在一起，外面用两层很厚的墙围起来，墙外还挖有人工护河，设有门楼、吊桥。两层围墙之间驻有兵营。围墙和门楼都是高大厚重的，不难看出其防御性的特点。

在尼罗河中游的西岸，位于德·埃·巴哈利地方郊区的山谷间，建造了二组国王的陵庙，它们利用山势地形把陵墓和神庙结合在一起，取得了人工石建筑体量与天然山石

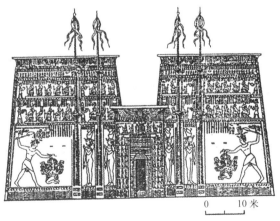

图3-4　古埃及神庙牌楼门

图3-5　阿布辛贝勒　阿蒙神大石窟庙

背景融为一体的雄伟效果。其中一组是建于公元前2052年中王国时期的曼特赫特普庙，它把金字塔和崖墓结合起来，创造了崭新的艺术形象；另一组是建于公元前1480年新王国初期的哈特什普苏庙，它则利用地形造成阶梯状的形式，给人以层层上升的崇高感。

在尼罗河上游岸边阿布辛贝勒地方建有著名的阿蒙神大石窟庙（图3-5），这是公元前1250年左右的遗物。石窟沿山凿岩建成，前面有一个大平台，正面刻有四尊国王拉美西斯二世的巨大雕像，像高20米，造成雄伟、庄严的艺术效果，是尼罗河上游的重要胜迹。窟的内部有前后二个殿堂，最后面是一个神龛。在前面殿堂的两侧还不规则地分布有一些长条的小石窟，也许是存放东西的地方。前面的殿堂是石窟主要的祭祀之处，里面排着八根柱子都是神像柱，四周墙上画满了壁画。由于1966年在尼罗河上游修建了阿斯旺水坝。河水水位大大提高，现已在有关方面的帮助下将整座石窟切开，迁移到比原址高64米，后退180米的山上，并基本上保持了原样。

### 3.1.3　埃及柱式

古埃及人型建筑的柱子是建筑部件中最富有表现力的部分，常常用石材建造，体形高大，有的高达20余米，甚至多是整块石料。柱子的式样很多，柱断面有方形、圆形、八角形等。柱子的比例粗壮，一般柱高是柱径的5倍。柱头的形式也很多，有莲蕾形、倒钟形、纸草形、棕榈形、神首形等。柱础为一块圆形的平板。柱间距一般是一个柱径，仅仅在入口处往往稍微加宽一些。檐部变化很少，一般是柱高的五分之一。

埃及的石雕技艺也有很高的成就，雕刻和建筑结合得很紧密。在建筑上常常使用浅浮雕和浅刻装饰。在建筑物内常常应用强烈的颜色，如红、黄、蓝、金等。装饰纹样多属几何形化的植物和人像，尺度很大，有雄伟粗犷的风格。

### 3.1.4　方尖石碑

古埃及时代还留有一些方尖碑，它是崇拜太阳用的，其断面呈正方形，上小下大，顶部为金字塔状，一般高和宽的比是10：1，用一整块花岗石制成，表面刻有象形文字和装饰，尖顶上镀金、银或金银的合金（图3-6）。起初方尖碑是摆在建筑群的中心，后来移到了庙宇大门的两侧作为装饰。现在留下来的遗物中最高的达到30米。古罗马帝国时期，埃及曾被罗马军队侵占，因此有许多方尖石碑被搬到罗马作为装饰，例如罗马圣彼得大教堂前椭圆形广场的中心就放有一根埃及的方尖石碑，在罗

图3-6　古埃及方尖石碑

马的波波罗广场以及罗马万神庙前的方尖石碑，也都是从埃及搬运来的。方尖石碑作为一种纪念碑的形象影响十分深远，近代在美国首都华盛顿建成的华盛顿纪念塔就是仿方尖石碑建造的，它高达 100 余米，内部还有电梯，尺度远远超过了古代，反映了现代文明的进步。

## 3.2　神秘的西亚古代宫殿和空中花园

西部亚洲主要包括幼发拉底和底格里斯两河流域，及伊朗高原等地区，这一带在很早的时候就已经有了灿烂的文化。早在公元前 4000 年左右两河流域就已出现了奴隶制的城邦，到公元前 3000 年左右已建立了巴比伦和亚述这样的君主集权国家。

两河流域地区就是现在的伊拉克、叙利亚一带，古代多半使用土坯和芦苇造房子，后来逐渐发展了制砖和拱券技术，在某些早期的建筑中，还发现有彩色琉璃砖装饰。由于这一带地势较低，气候潮湿，夏季炎热，蚊虫扰人，因此古代大多数重要建筑都建在高台上，这样不仅可以避免低地之害，而且还能取得壮观宜人的建筑效果。在古代的西亚地区，许多帝王往往都以大兴土木为荣，在一块石刻中就发现有公元前 3000 年的，拉迦什国王乌尔·南歇头顶着一筐砖参加神庙奠基的浮雕。并且还发现在公元前 2300 年拉迦什国王古地亚的雕像中，可以看到他膝盖上放着建筑设计图。

### 3.2.1　萨尔贡王宫

它是亚述王国保留下来的重要宫殿遗址，位于赫沙巴德城中，建造时间在公元前 722 到公元前 705 年之间。宫殿和城市是同时建造的，城的轮廓近于方形，四个城角朝着东西南北的正方位。宫殿建在西北城墙的中段，有一半凸出到城墙的外面，一半在城内。整个宫殿连同观象台都建在一个高 18 米，每边长 300 米的方形土台上，土台的外表砌着一层石板，通过大坡道或大台阶可以到达台上。虽然现在王宫建筑大部分已毁，但从遗址中尚能看到昔日的辉煌（图 3-7）。

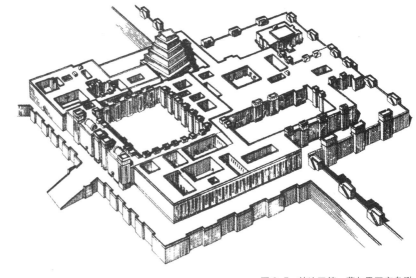

图 3-7　赫沙巴德　萨尔贡王宫鸟瞰

图 3-8 古代新巴比伦城空中花园想象图

整个宫殿围绕着两个大庭院布置，其中还包含着 30 多个小院子和 200 多间房屋，平面布置有明确的功能分区。房间的跨度都很小，墙身较厚，平面多为狭长形，可能是砖拱结构的原因。

王宫的正门两边是对称的高大塔楼，中间夹着一个圆拱门，突出了入口。墙的外部贴满彩色的琉璃面砖。城墙的上部有雉堞，城墙的下部贴有石板基座，正门还有特殊的五腿兽浮雕装饰，浮雕高约 4 米，象征着睿智和壮健的神物在守卫着宫殿。这浮雕的布置，既考虑到人的欣赏，又增加建筑物的稳定，具有美观和坚固并存的艺术效果。

### 3.2.2 空中花园

空中花园是古代世界七大奇迹之一，它位于古代新巴比伦城的北面。公元前 7 世纪初，迦勒底人征服了亚述王国，在中东地区建立了新巴比伦王国，并以巴比伦城为首都，重新大肆建设，巴比伦的废墟一直保存到现在。根据古代希腊历史学家希罗多德的记载：皇帝为了他的皇后谢米拉密德出生于伊朗而习惯于山林生活，曾下令建造"空中花园"。这座花园之所以号称空中花园，因为它是布置在人工堆起的小山顶上。浇灌花木的水，要从山下送到山上。凡是看见过这座花园的人，都不能不惊叹不止。希腊人称这座花园为世界奇观之一。实际上，这座花园是布置成多层台地的园林，园林内除了种植大量名贵花木之外，根据记载还有亭台楼阁，奢侈豪华之极，虽现在实物已毁，但从遗址和记载中仍可想象它昔日的盛况（图 3-8）。

### 3.2.3 新巴比伦城

新巴比伦城是在原有基础上扩建而成的，它从公元前 612 年以后开始建设，直到公元前 538 年巴比伦王国灭亡，前后繁荣时期不到 100 年。在新巴比伦城繁荣的年代里，它是整个东方世界贸易和文化的中心，城市建设十分繁荣，城市人口达 10 万人。

新巴比伦城的轮廓近似一长方形，幼弗拉底河自北向南穿城而过。城外有护城河，河边有城墙，根据记载，城墙上有 250 个塔楼。城内道路布置整齐，南北向轴线上有一条主干道，串连着庙宇、宫殿、城门和园林。大道北端西侧是宫殿建筑群，宫殿北面则是空中花园。城市的北门是著名的伊什达门，现已搬至博物馆保存，门上存有彩色琉璃砖砌成的动物形象，四周并有美丽的图案镶边。希罗多德当时曾到过巴比伦城，他描写这座城市："它有着这种宏伟的规模，它建筑得如此美丽，在我们所知道的名城中，还没有一个像巴比伦这样壮丽的。巴比伦城城外为深广的、充满了水的壕沟所围绕。砖砌和油漆浇凝的城墙延伸于城的四周……城墙的两边耸起一对对的一层塔；它们中间留出四马并行的通路。城墙开有 100 座城门，整个是用铜铸造的，铜的门框和横梁"。虽然这个记载有一些夸大的地方，但其宏伟规模仍是足以令人赞叹。现在该城已被发掘，实际城墙的长边为 2.5 千米，短边约为 1.5 千米。

### 3.2.4　波斯宫殿

波斯帝国起源于伊朗高原，它在很短的时期内兴起，于公元前 525 年先后侵占了两河流域、小亚细亚和埃及等地，成为横跨亚非两洲的奴隶制大帝国。它利用战争掠夺和重税暴政取得了大量财富，于是有可能大兴土木，以适应统治阶级豪华奢侈的生活需要。波斯著名皇帝大流士在新都波斯波里斯建造的皇宫，就是当时建筑的杰出代表。

波斯波利斯宫是波斯帝国强盛的象征，它的遗迹一直留存至今（图 3-9）。这组宫殿建于公元前 500 年左右，把一个小山坡削成高 15 米，宽 450 米、深 300 米的大平台，大平台上有 6 座主要建筑物。比较著名的为议政的"百柱大厅"、"大流士宫"、"克赛克斯宫"以及眷属居住的禁宫、克赛克斯多柱厅和大门等。在大平台的入口处有两条对称的、非常宽阔的大台阶，用条石砌成。台阶两侧的墙上刻有浮雕装饰，题材是年年秋季臣属波斯的各个国家的首领，手捧贡物举行朝贡仪式的情景。上了台阶正对着东面的大门，在门道的内侧墙上刻有大流士的坐像，正在接受大台阶上进贡者的礼拜，不仅建筑上互相连接，而且这些浮雕也与每年的朝贡者形成有机的结合，遥相呼应。大门的檐部采用了古埃及的建筑形式，墙上饰以彩色琉璃砖，大门两侧的下面放着仿亚述王国的双翼人首牛身的雕像，反映了当时各国之间文化的交流。

在大门的南面是克赛克斯多柱厅，平面是 62.5 米 ×62.5 米见方的形状，厅内有排列整齐的 6 排柱子，每排 6 根，高 18.6 米。大厅的东北

图 3—9　波斯波利斯宫复原图

西三面还各有一个外廊，更增加了接待大厅的气势。皇帝在这里要接待上千人的朝觐，为了宽敞不遮挡视线，厅里的柱子做得很细，直径只有柱高的十二分之一，柱间距为 8.74 米，反映了石结构仿木梁架的特点。

在克赛克斯多柱厅的东面是大流士百柱厅，平面也是正方形的，里面有 10 排柱子，每排 10 根，共计 100 根石柱，柱高达 19 米。百柱厅三面是墙，只有北面是开敞的柱廊。厅内的柱头和柱础都非常华丽，柱头刻有双牛、卷涡、仰覆莲等，柱础刻有圆线脚和覆莲，柱身刻有凹槽。这些柱子本身造型优美，但柱子过于细长，是石柱仿木柱的迹象，柱头与柱身的雕饰也可看出受到古希腊建筑文化的影响。

在波斯波利斯以北 12 千米处，有个大流士崖墓，建于公元前 521 到公元前 485 年，正面呈十字形，中央有四根柱子，有一个门洞直通窟内。这些柱子的柱头很像小亚细亚一带流行的希腊爱奥尼柱式。

波斯帝国的这些建筑遗物，不论其平面布置、空间处理，以及柱式和装饰等，都带有埃及、两河流域和希腊的建筑手法。它反映了波斯帝国在对周围地区侵略的同时，也吸取了其他民族的优秀文化。

## 3.3　异彩纷呈的伊斯兰建筑

伊斯兰建筑是指伊斯兰教国家和地区的建筑，它的范围主要包括阿拉伯，北非和中亚，西亚一带，它的影响还扩大到欧洲和东南亚地区。伊斯兰教开始出现于公元 610 年左右，它的发源地是阿拉伯，圣地是麦加。

从前，每个阿拉伯部落都有其独特的宗教，崇拜自己的神。自从穆罕默德创立伊斯兰教以后，便用一个共同的信仰来团结全体阿拉伯人，他号召所有的信徒服从唯一的神——安拉（真主）。伊斯兰教的经典叫《古兰经》，它不仅制定了宗教的信仰和清规戒律，而且也对建筑的形制有很大的影响。

阿拉伯部落联合为一个国家以后，就成为一个声势浩大的军事力量。阿拉伯人很快就征服了大片的领土。到 8 世纪时，它们建立了东及印度，西至西班牙，版图横跨欧、亚、非三大洲的庞大帝国，全盛时期的伊斯兰教国家的幅员超过了罗马帝国。10 世纪以后便分裂为若干独立的伊斯兰教国家，政治势力日趋衰落。

阿拉伯人就他们自己的文化来说，要比被征服民族的落后。但是他们逐渐通晓了被征服民族的文化，并使希腊、罗马、伊朗和中亚细亚等民族的古代科学、文化在伊斯兰教国家里继续获得发展。

伊斯兰教国家的传统建筑之不同于其他式样，是因为它的产生是和宗教分不开的。伊斯兰教的教义和仪典非常严格，而且涉及信徒们的日常生活，所以建筑物的形制在各地都带有伊斯兰教的特征，在建筑处理手法上也有许多共同之点，因而产生了特殊的"伊斯兰建筑风格"。但尽管伊斯兰教各国的建筑有着共同的特点，但是从东到西，每一个地区因历史传统不同，所能得到的建筑材料不同，气候条件不同，等等，从而保持着自己的地方特色。

### 3.3.1　伊斯兰教建筑的特点

伊斯兰建筑是东西方建筑文化结合的产物，它吸收了罗马、拜占庭、西亚与北非的传统建筑经验，而进行了融汇与创造性地发展。伊斯兰教礼拜寺是伊斯兰国家的主要建筑类型，它一般必须要有一个大的封闭院子，平面长方形，中央有一个为洗净用的喷泉和水池，这是《古兰经》上所规定的。围绕这个院子，盖有一圈拱廊或柱廊。朝向麦加的一边做成祈祷室（礼拜堂），这一边往往比其他几边加宽一些。在祈祷室的墙上设有一个圣龛，它的方向也是指向麦加的。讲经台位于一边，那里是阿訇讲经和祈祷的地方。简洁高耸的光塔也是礼拜寺不可缺少的部分，有时仅有1个，有时有2个、4个，甚至6个，它常常设在寺院的四角，是阿訇传呼信徒祈祷的地方，也是伊斯兰教礼拜寺特有的标志。这种建筑形式传入中国后就逐渐汉化而演变为清真寺的邦克楼。

伊斯兰教建筑的立面一般比较简洁，墙面多半是沉重的实体，大门和廊子多用各式拱券组成，是伊斯兰教建筑的主要特征。拱券的种类很多，常用的有尖券、马蹄形券、四圆心券、多瓣形券等。券面上和门扇上常刻有表面装饰或画上几何花纹，门头上有时做成钟乳栱，在造型上起装饰作用。窗子一般很小，有的做成平头，有的做成尖头，窗扇上常常用大理石板刻成一些几何形状的装饰纹样，有时也用一些彩色玻璃，很像哥特教堂的处理手法。外墙表面常用粉刷，或用砖石、琉璃做成各种装饰图案或水平线条，成为外墙的一种特殊标志。

礼拜寺和宫殿的屋顶是从西亚地区栱顶的形式中演变过来的，常常在屋顶的正中做成尖形圆顶，高高地架在鼓形座上，外形像一个洋葱头。圆顶有时用砖或石块砌成，放在方形平面上，用帆栱支承。这是吸取了拜占庭建筑的传统做法。

伊斯兰礼拜寺的内部远比外部更为重要，初期的礼拜寺内部特征是丛密的柱林，上面支承着栱券。晚期的特点则是丰富装饰的墙面。内墙所有的装饰花纹都是几何形的图案，不用人像，动物和写实的植物题材，因为《古兰经》上禁止这样做，只有到了后期，才有一些程式化了的植物装饰母题。颜色多用红、白、蓝、银和金，这样处理的结果，可以产生一种非常光辉灿烂的表面。

伊斯兰式的旅馆常设于大城市，如开罗、大马士革等城市。它有一个院子，周围是无数的房间，有二层，可供给商人或旅客居住，在君士坦丁堡那里就曾有180处这种旅馆。

住宅的主要面常朝东，内部有院子，正对院子的一面为主要房间，这里是夏房和喷泉的所在地。朝街的窗户是很小的，而且窗外常做有木格子。在宫殿和贵族府邸中，通常用廊子把眷属和妇女的用房分隔开来。

这类住宅的形制以埃及最为典型。开罗的住宅有很多是多层的，底层用石头砌，上面几层用砖砌，常常在墙面上挑出很轻的木质阳台或房间的一部分，使建筑物轻快而生动。男子的居室在下层，围绕着客厅布置，楼上是妇女居室，外面常有内阳台，立面上是两开间的，中央立一根柱子，左右各发一券。室内有很轻巧的装饰，天花、窗格、门环等都精雕细琢。在一些富有人家，还用大理石做装饰材料。

伊斯兰建筑有许多著名的实例，它们的艺术形象往往使人们感到异彩纷呈，终生难忘。

### 3.3.2 麦加 克尔白

克尔白意为"天房"，实际上是一座立方体的房子，穆斯林把它尊称为圣地。最初那里是一圈围墙，经过历代哈里发与苏丹的改建而成现在的样子，平面尺寸大约是 11 米 × 16 米，在它的东墙上镶嵌着一块神圣的墨石，这就是伊斯兰教朝觐的对象。每年各地前来朝圣者多达百万人（图 3-10）。

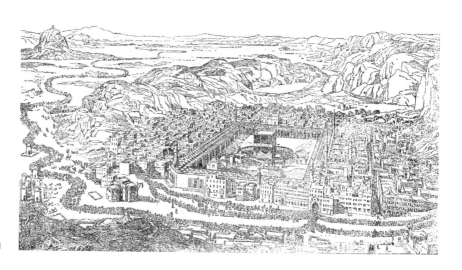

图 3-10 麦加 克尔白

### 3.3.3 开罗 伊本·土伦礼拜寺

它是伊斯兰礼拜寺中最典型的一个例子，寺的三面由小街围绕，平面本身布置成四合院形式，院内东、西、北三面都绕以回廊，朝麦加的一面有祈祷室和圣龛。院子内部约 92 米见方，中间有喷泉亭。寺前中央与东北角各有一座螺旋形光塔，用石灰石砌成，很像是古代西亚观象台的样子，寺的造型受到罗马、拜占庭的影响。

礼拜寺内部与回廊都使用尖拱，以墩子与倚柱承托尖券，尖券下弧向内收进，后来演变成马蹄形券。祈祷室内做成一排排的拱廊，都平行于朝麦加一面的墙，整个结构都是用砖砌成，表面粉以灰泥，并用阿拉伯文字、花纹及色彩装饰，窗子上也布满了几何花纹，建筑造型比较沉重（图 3-11）。

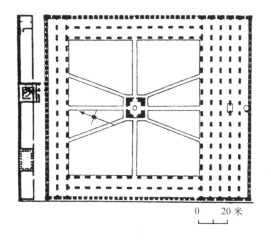

图3-11　开罗　伊本·土伦礼拜寺平面与廊院立面

### 3.3.4　阿格拉　泰姬·马哈尔陵

它是世界著名的纪念性建筑之一，素有"印度的珍珠"之称。"泰姬·马哈尔"意为宫廷的花冠。这是莫卧尔王朝国王沙杰罕为王后姆达士·伊·马哈尔建造的，位置在印度阿格拉的宫殿附近，是一个巨大的建筑群。它建于公元1630～1653年。沙杰罕为使王后的陵墓做得完美，不惜时间和金钱。他征集了当时亚洲著名的工匠前来建造，工匠的总数超过2万人，花费时间十几年。

陵园占有一个很大的长方形地段，长约576米，宽约293米，四面都有不高的围墙。围墙正面第一个门不大，进了这个门，是一个宽约161米，深约123米的入口院子。院子后面是第二座大门，它比第一个门大多了，立面是传统的做法，一个长方形墙面，正中开一个尖券大龛，龛底是入口，墙面装饰着各种不同颜色的材料。

穿过第二道大门，是一个近乎正方形的大庭院，宽293米，深297米。庭院被十字形的水渠分成四部分，水渠的交点处是正方形的水池，里面有喷水口，院子里长着青翠的长绿树，水面倒影颤动，更是增色不少。

在这一片绿地后面是陵墓的主体建筑，墓左有礼拜寺，右边是陈列厅。陵墓放在5.4米高的平台上，平台每边长95米，平台四角有四个高40米的光塔（图3-12）。

图3-12　阿格拉　泰姬·马哈尔陵

陵墓的四面完全一样，每边长 56.7 米，全用白色大理石砌成。陵墓的正面朝南，通过尖券龛式的门经过通道而进入墓室，墓室上覆盖着直径为 17.7 米的穹窿顶，在这个穹窿顶外面还有一个高高耸起的外壳穹顶，从它的尖端到平台面约为 61 米。

陵墓的两侧各有一个小水池。陵墓后面是杰姆那河。陵墓两侧的礼拜寺与陈列厅是用赭红色的砂石建造的，它们对比出白色大理石陵墓和光塔的高贵美丽。陵墓内外的装饰都很精致，窗子和内部屏风都是大理石板刻出的透空花纹。在泰姬·马哈尔陵中，充分表现了古代伊斯兰匠师的惊人技艺，同时也反映了当时封建帝王的奢华铺张。

目前，泰姬·马哈尔陵已成为印度的著名旅游景点。有的人认为泰姬·马哈尔陵在日落时最美，那时，大理石强调出夕阳的色彩，而建筑物和它在水池中闪光的倒影就像许多粉红色的珍珠。另一些人则喜欢它在中午的景色，那时，明亮的阳光使它变得格外纯真洁白。还有一些人认为应该在月夜观赏。在夜间，每当月圆的时候，成百上千的人都来观赏泰姬·马哈尔陵，他们要看它那柔和的银色光彩。许多人用毯子把自己包着，在水池边度过整夜。当黎明来临，泰姬·马哈尔陵开始从银色转变为旭日中的金色，人们才悄悄离去，也许，当月亮重圆的时候，他们又会再来。

### 3.3.5　格拉纳达　阿尔汗布拉宫

西班牙格拉纳达的阿尔汗布拉宫位于郊外一个地势很险要的山上，它是在西班牙境内重要的伊斯兰文化遗产。宫殿建于 1309–1354 年，是由许多院子组成的单层平房的建筑群。平面上布置有二个主要的庭院。一个是番石榴院，一个是狮子院，它们的纵轴互相垂直，房屋都是围绕院子布置的。

由南边进入番石榴院，置身于一个横向的柱廊之中，透过柱廊见到纵贯全院的一个水池，能产生很好的倒影。水池两侧各有一排番石榴树的绿篱，修剪得非常整齐。北面柱廊后面是正方形的接见使节的大厅，它的上部形成一个 18 米高的方塔。廊内的柱子很细小，上面有薄薄的用木头做成的假券，券上有很大一片透空的花格。

狮子院有一圈内柱廊，柱廊在东西两端各有一个凸出部。它的柱子和番石榴院内的一样纤细，但它上面的券及券以上的装饰要复杂得多，不仅用几何图案，而且用阿拉伯文字组成极美的装饰纹样（图 3-13）。院子中央有一个喷泉，它的基座上刻着 12 个大理石的狮子，院子即以此得名。在喷泉的四面各有一条水沟，既能排水，又起装饰作用，是伊斯兰建筑常用

图 3-13　格拉纳达　阿尔汗布拉宫建筑细部

的手法。

在阿尔汗布拉宫东北的一个小庭院内，也有比较规则的绿化布置，减少了院子的单调感。

阿尔汗布拉宫的内墙面都布满着很精致的图案，这些图案是画在土坯墙抹灰面上的，以蓝色为主，间施以金、黄和红色，有庄严富丽的效果。当你看到电影、电视上有关伊斯兰宫殿镜头的时候，你就会联想起阿尔汗布拉宫那富丽堂皇、精细丰富的装饰，你也会联想起那美妙的伊斯兰歌舞。

### 3.3.6　科尔多瓦　大礼拜寺

它是西班牙著名的伊斯兰建筑，也是世界上最大的伊斯兰礼拜寺之一。礼拜寺始建于公元 786 ~ 787 年，后来经过三次扩建，使寺院达到了极大的规模。13 世纪时它曾被改为基督教堂，内部虽然有了一些改变，但建筑内外总体上仍保存着原貌。

大礼拜寺的总平面为一长方形，入口在南面偏东的位置。进门后是一个大庭院，东南西三面均有柱廊围绕，北面是主要的大殿。大殿东西长 126 米，南北宽约 112 米，近似一方形平面。礼拜寺的外部比较封闭，内部却很华丽，里面有 18 排柱子，沿着南北轴线方向排列。柱间距不到 3 米，显得密集如林，光线非常暗淡。柱子是古典式的，只有 3 米高，柱上支承着两层重叠的马蹄形券，券用红砖和白色云石交替砌成。圣龛前面是国王做礼拜的地方，上面是复合券的形式，花瓣形的券重叠几层，非常复杂，装饰性很强，表现了工匠们的卓越技巧与对建筑艺术的探求。

礼拜寺内部不高，天花板离地只有 9.8 米，而柱子与各种发券却连成一片，密密麻麻，使内部空间造成一种扑朔迷离之感，具有宗教神秘的效果。恩格斯说："伊斯兰教建筑是忧郁的，……伊斯兰教建筑如星光闪烁的黄昏。"这一形容对于科尔多瓦大礼拜寺是非常恰当的。

## 3.4　日本的传统建筑艺术

日本是一个岛国，大部分地区气候温和，雨量充沛，木材丰富，因此传统建筑均以木构为主。日本人多信奉神道教和佛教。公元 4 ~ 5 世纪开始形成统一国家。日本在古代历史的发展过程中同中国有着频繁的文化交流。6 ~ 12 世纪是日本传统建筑发展的早期，属飞鸟、奈良、平安时代；12 世纪末 ~ 16 世纪中叶是建筑发展的中期，属镰仓、室町时代；16 世纪中叶 ~ 19 世纪中叶是它的晚期，属桃山、江户时代。

从 6 世纪中叶开始，佛教自中国经朝鲜百济传入日本以后，陆续带入了南北朝与隋唐的建筑形制与技术，从此，佛寺成为日本的主要建筑活动，它不仅在寺庙的布局与形式上仿照中国模式，而且在宫殿与神社的建筑形制方面也深受中国传统建筑风格的影响，甚至在都城的布局上亦进行了模仿。公元 8 世纪以后，日本传统建筑逐渐形成统一风格，即在中国唐代建筑特征的基础上开始向日本风格过渡。

日本传统建筑艺术中比较著名的实例则首推法隆寺、唐招提寺、伊势神宫和桂离宫。

### 3.4.1 法隆寺

位于奈良市西北的生驹郡斑鸠町。它是日本佛教圣德宗的总寺院，建筑的布局、结构深受中国南北朝建筑文化的影响。寺院分东、西两院。西院始建于公元 607 年，后因在 670 年被烧毁而重建。院前有南大门。后有一廊院，呈长方形，南面廊间正中为中门。入门后的廊院中部并列排着金堂（佛殿）和五重塔，前者居右，后者在左，均为珍贵木构遗物。廊院北面有大讲堂；讲堂前两侧是钟楼（右）和经楼（左）。廊院之外还有僧房、库房、食堂等附属建筑（图 3-14）。

金堂、塔和回廊仍保持着日本飞鸟时代的特征，是目前日本遗留下来最古的一组木构建筑，属于国宝之列。建筑的柱子两端均作明显的梭形卷杀（呈曲线收小），柱顶上用云形斗栱，大斗下面有斗托（皿斗），这些都是中国南北朝时期的建筑古制，与后来的唐代建筑风格显然不同。金堂内供奉着由渡海赴日的中国人的后裔雕刻的三尊释迦牟尼铜佛像和药师、如来像，是日本最古的佛像，四周有诸佛净土图、飞天等壁画，十分可贵。1949 年金堂不慎遭受火灾，部分建筑被毁，嗣后又进行了修复，但终究受到了很大损失。金堂西侧的五重塔是日本最古的佛塔，斗栱雄大，出檐深远，表现了木构纪念性建筑既庄严又飘逸的性格。木塔总高 31.9 米，塔刹部分约占总高的三分之一，更增添了佛塔崇高神圣的寓意。东院以八角形平面的梦殿（即观音殿）为中心，环以回廊，前有南门、礼堂，北有舍利殿（绘殿），再北是传法堂，其中梦殿与传法堂是公元 739 年建的遗物，再现了中国唐代木构建筑的风格。

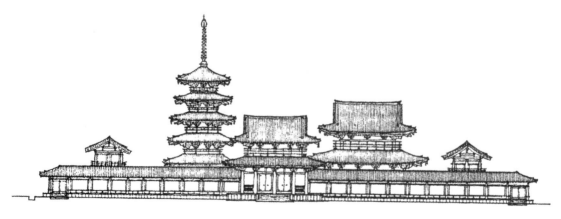

图 3-14　奈良　法隆寺金堂与五重塔

图3-15　奈良　唐招提寺金堂

### 3.4.2　唐招提寺

它位于奈良市西京五条町，是日本佛教律宗的总寺院，亦属南都七大寺之一。寺院由中国唐代高僧鉴真东渡日本后于公元759年始建，其弟子如宝负责建筑工程，约到770年才全部竣工。这组建筑充分反映了中国盛唐时期的建筑风格，也是中日文化交流的见证。寺院大门上有红色匾额"唐招提寺"四个大字，是日本孝谦女皇仿王羲之的书法。寺院内有奈良时代的讲堂、戒坛、金堂，镰仓时代的鼓楼、礼堂及奈良时代以来的佛像、佛具和经卷。

寺院的主殿"金堂"（图3-15），正面七间，进深四间，位于一个约有1米高的石台基上，是当时最大最精美的建筑。金堂第一进呈开敞式布局，形成一个柱廊，中间5间开门，两侧稍间开窗。单檐庑殿顶（四坡顶），屋顶正脊两端有鸱尾装饰，它既是古代防火的象征，又起到建筑艺术的点缀作用。西端的鸱尾为奈良时代遗物，东端鸱尾则为后世仿制。屋顶坡度原先比较平缓，后来在重修时已改成了现在陡峻的形式。柱子粗壮，不做梭形，仅柱头作覆盆形卷杀，所有建筑木构件均刷红色，墙面为白色。金堂同中国五台山唐代佛光寺大殿有许多相似之处，只是尺度略小，斗栱比较简单。

### 3.4.3　桂离宫

它位于京都市西京区，占地6.94公顷。桂离宫现属日本皇室的离宫，原名桂山庄，因桂川在它旁边流过而得名。桂山庄始建于公元1620年，当时的主人是京都的皇族智仁亲王，1645年由智仁亲王的儿子智忠亲王扩建。公元1883年（明治十六年）收为皇室的行宫，并改名为桂离宫。1976年起进行了翻修，历时5年多，至1982年3月才竣工。桂离宫的建筑和庭院布局，堪称日本民族建筑的精华。离宫的庭院里有山，有湖，有岛。山上松柏枫竹翠绿成荫，湖中水清见底，倒影如境。整个庭院以人造湖为中心，把湖光山色融为一体。湖中有大小 5 岛，分别用木桥与石桥连接。湖边小路曲曲弯弯通向四面八方，给人以曲径通幽之感。

离宫的主体建筑在庭园的西边，平面布置曲折自由，与园林自然意趣颇为吻合。庭园内主要建筑有书院、松琴亭、笑意轩、园林堂、月波楼和赏花亭等。其中松琴亭、园林堂和笑意轩都是"茶室"式建筑，供品茶、观景和休息之用。月波楼面向东南，正对着湖面，是专供赏月的地方。桂离宫的庭园虽然也吸收有中国园林的经验，但是它在应用石灯笼、缓坡池岸、草皮、单株树木构图等方面已有很大创新，体现了日本园林特有的韵味（图 3-16）。

**图 3-16** 京都 桂离宫松琴亭

## 3.5 印度与东南亚的古代建筑特色

印度在公元前 3000 年左右已经有了自己的国家，在印度河与恒河流域曾创造有人类独特的古代文明。今天的巴基斯坦也属古代印度文化范畴。在古代这个地区，城市建设与宗教建筑非常发达，尤其是婆罗门教，佛教，耆那教均留下不少重要的建筑遗物。

公元前 2000 年左右在印度已创立了婆罗门教，公元前 500 年左右又出现了有影响的佛教，公元前 1 世纪左右佛教的活动最为突出，5 世纪后逐渐被婆罗门教所同化。而婆罗门教经过改革至 8 世纪改称印度教。因此，在印度中世纪的建筑遗产中，印度教的建筑占有重要的地位。

### 3.5.1 摩亨佐·达罗城

摩亨佐·达罗城是目前已知最早的城市建设遗址，建立于公元前3000 到前 2000 年之间，在今巴基斯坦的信德省境内。全城面积约 7.77平方千米，城市道路呈方格网形，主次干道分明，并有完整的上下水道系统。主要道路为南北向，宽约 10 米，与主要风向一致，东西向为次要道路，道路转弯处都作成圆角，以便车辆顺利通行。每个街区约 336 米×275 米。通过考古发掘，已考证出有宫殿、庙宇和一般民居、商店的遗址，建筑物是用焙烧过的红砖砌成的，大多数的房屋用平屋顶。其中已有两层楼房，一般上层为居室，下层是厨房、盥洗室、水井和贮藏室。污水经由砖砌成的排水沟流入城市的下水道。

城市的西部有两座特殊的建筑物。一座是每边长 28 米的正方形大厅，厅内有 4 排柱子，每排 5 根砖柱支撑着平屋顶。另一座则是在一个方形的院子中央，有一个长 32 米、宽 7 米、深 3 米的水池，用砖砌成，池壁厚达 2 ~ 2.5 米，而且微微向外倾斜。池底铺着几层精致的砖，并敷以不透水的树脂，还有下到水池池底的踏步。水池四周有廊子和房间，这很可能是公共浴室。从这两例中可以看到当时的公共建筑已有了一定的规模。

### 3.5.2 窣堵坡

它是印度佛教徒埋葬佛骨的墓塔，后来逐渐形成为一种纪念性建筑。印度最大的一座窣堵坡在桑奇，建造时间大约在公元前250 年（图 3-17）。这是一个半球形的坟墓，直径为 32 米，高12.8 米，坐落在一个高约 4.3 米的鼓形基座上，完全用砖砌成，上面铺着很厚的灰浆，用来粘贴外面一层石板。窣堵坡的顶上有一个方形的石砌盒子，石盒上还有一个石头的华盖，很可能就是后来佛塔顶上塔刹的原型。在窣堵坡的周围有一圈栏杆，东南西北四个正方位设有大门，做成牌

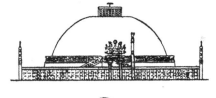
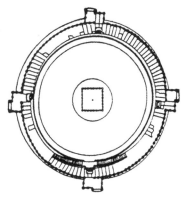

图 3-17 桑奇 窣堵坡平面与立面

坊形状，高达 10 米，垂直的石柱间用插榫的方法横着三根石条，其断面为橄榄形，在最上面的一根石料上，还安放着一些雕饰。这些显然是仿木栏杆而来的。牌坊的表面上布满了花纹，雕刻精美，整个牌坊的造型比例也还匀称。

### 3.5.3 石窟

在印度的阿旃陀、卡尔利和埃列芬丁等处还留存有许多古代佛教的石窟，它是早期佛教活动的场所。这些石窟可以分为两种类型：一种是举行宗教仪式的场所，叫支提窟，平面为纵向长方形，以半圆为结束。

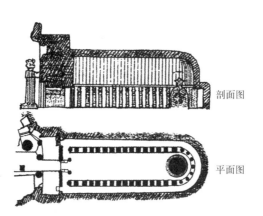

半圆部分中间有一个窣堵坡，沿着两边侧墙各有一排柱子。僧侣诵经就在这里。另一种石窟是僧侣的禅室，叫精舍，供僧侣静修与居住之用，在入口处都设有门廊。支提窟和精舍经常相邻左右，它们的建造年代大约都是在公元前2世纪到7世纪之间（图3–18）。

剖面图

平面图

图 3–18 卡尔利 支提窟

### 3.5.4 马杜赖大寺

这是在印度南方的典型印度教寺院，实际上它是一座"寺院城"。整座寺院平面略呈长方形，占地约260米×222米，内有寺庙30余所，建造时间均在17世纪左右。主庙在当中，形成一条微微偏北的轴线。寺院不仅是宗教的中心，也是一座防御的堡垒，外面围墙重重，在主要的围墙上均设有高人的哥普兰门塔，塔呈长条锥形，塔身上雕成密檐的带状装饰。主要是表现人物的雕像，顶部做成筒形屋顶。这种门塔在寺内共有10座，其中外墙的塔门较大，高达46米，成为印度教寺院的明显标志（图3–19）。

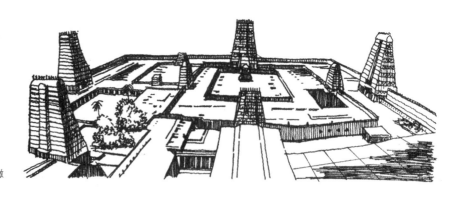

图 3–19 马杜赖大寺鸟瞰

### 3.5.5 阿部山 维马拉寺

它是现存最早与最完整的耆那教寺院，建造时间为公元1032年。寺院中最有特色的是大殿前院中央的八角亭，全部建筑均用白色大理石建造。亭的直径为7.62米，檐口较低，离地只有3.65米，下面有一圈粗壮的柱子支撑，上面全是浮雕。上面的穹窿顶则很高，约有9米，亭内也布满了雕刻。穹窿顶上还刻有16尊智慧神像，形象栩栩如生，具有很高的艺术水平。

东南亚地区主要包括印度尼西亚、斯里兰卡、缅甸、泰国、柬埔寨等国家，这些地区很早就与中国、印度有着文化交流。佛教虽自5世纪起便在印度衰落，但却成为这些地区的主要宗教，许多著名的佛教建筑胜迹至今仍为世人所赞颂。

### 3.5.6　仰光　大金塔

它位于缅甸首都仰光市北茵雅湖畔的圣山上，是著名的缅甸佛塔。大金塔，缅甸人称"瑞大光塔"，"瑞"在缅甸语中是"金"的意思，"大光"是仰光的古称。塔始建于公元前585年，相传曾从印度把8根释迦牟尼佛发珍藏在此塔内，因而成为东南亚的佛教圣地。后经历代修建，直到公元1755年才全部完工，现在塔高113米，立在一周长约413米的凸角形基座上。塔身用砖砌成，像一口扣在地面的巨钟，塔身外贴有金箔，顶上有金制华盖（建于19世纪），重约1.25吨，在阳光的照耀下，金碧辉煌，雍容华贵。顶上华盖下挂有1065个金铃和420个银铃，风吹铃动，声传四方。华盖上还镶嵌着7000颗各种红蓝宝石作为装饰，表现出极其富丽的特征。主塔在平台的中央，周围布置有4座中塔和64座小塔。主塔有四门，门前各有一对石狮镇守，塔内有一座玉石雕刻的卧佛像，造型精美凝重。塔下四角还有缅甸式的狮身人面像守护，使这组大金塔更增加几分神圣的氛围（图3-20）。

图3-20　仰光　大金塔

### 3.5.7 柬埔寨 吴哥寺

它位于吴哥故都南郊 4 千米处，公元 1113～1152 年建造，是佛教圣地和国王的陵寝，它在建筑历史上具有很高的艺术价值。吴哥寺亦名"吴哥窟"，因有五塔，还名塔城。到 15 世纪时，吴哥城废，寺院荒芜。19 世纪起重新得到修复。寺院基地为一长方形，东西长为 1025 米，南北宽为 820 米。周围环绕有宽达 190 米的壕沟。主要轴线为东西向，正门朝西。在壕沟内有围墙二道，均为石砌。西面外围墙的主入口上有一门楼，上峙三塔，具有明显标志。门内为一广大庭院，可容数千人。沿大道东行 347 米，即达内围墙的入口。内围墙面积为 340 米×270 米。

主殿建在一座三层台基上，每层台基边沿有石砌回廊。底层台基高 4 米，回廊东西长 200 米，南北长 180 米，廊壁布满印度史诗的人物故事。第二层台基高 8 米，回廊东西长 115 米，南北长 100 米，四角有塔。上层台基高 13 米，平面呈正方形，回廊每边长 60 米。台基上有五座尖塔，构成金刚宝座塔形，四角的塔比中央神堂上的大塔稍小，轮廓十分鲜明，各层台基四侧的中间和两端均有踏步相连。中央大塔位于纵横轴线的交点上，塔尖高出庭院地面有 65 米。吴哥寺不仅是佛教圣地与旅游景点，同时它在建筑艺术上也独具匠心，构图端庄秀丽，是一处重要的文化遗产（图 3-21）。

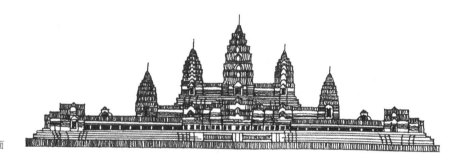

图 3-21 吴哥寺正立面

# 第**4**章　中国古典建筑艺术成就巡礼

中国建筑的历史源远流长，早在公元前 21 世纪的夏朝已经建立了自己的国家，到公元前 5 世纪时，中国已经率先进入了封建社会，在长达两千多年的历史长河中，尤其是经过唐、宋、元、明、清各代的发展与提炼，使中国传统建筑形成为一支独特的古典体系，对宫殿、坛庙、寺院、陵墓、园林、民居等各种建筑类型均起到了深远的影响，并在建筑艺术上取得了重大成就。许多优秀建筑遗产已被世人所称颂。

中国古典建筑艺术的成就主要表现为下列几个方面：

一是创造出独特的木结构形式。并以这种结构为基础，努力做到使用功能合理，建筑形式典雅。

二是创立用立柱与梁枋组合的构架承重体系。墙壁只起围护、分隔作用，不承受荷载，使门窗配置比较自由，有"墙倒屋不塌"之妙。

三是创造斗栱结构形式，作为屋檐悬挑的支撑。它既能起结构作用，又是檐下的重要装饰，成为中国古典建筑的重要成就之一。

四是建立了单体建筑标准化模式。这样使许多建筑类型可以单体为基础形成组群，不论规模大小与功能复杂程度都能灵活布置。在建筑用材上的标准化更为施工提供了质量保证。

五是重视建筑群的组合。一般都力求群体布置均衡对称，以院落为中心，或者在多条轴线上布置若干院落，庭院与房屋主次分明。有些依山傍水的建筑或园林布局，也能因地制宜，随机处理。

六是室内外空间布局自由。室内可以灵活分隔，室外庭院可以用院墙、曲廊环绕，形成开敞、半开敞或封闭的空间，以获得不同意境的环境效果。

七是建筑色彩明快。在木构建筑内外一般均用彩色油漆罩面，尤其是宫殿、庙宇等大型建筑，还常用彩色琉璃瓦顶，朱红墙面，达到非常壮丽的效果。有些园林建筑为了追求淡雅的自然意境，也有用桐油木色，加上粉墙黛瓦，亦显文风雅趣。

以上所述中国古典建筑的各项成就，均可以在许多代表性的建筑中进一步体会到其深刻的创意。

## 4.1　壮丽的宫殿和坛庙

宫殿在中国历代都有大规模的兴建，它集中反映了中国建筑的成就和建筑艺术的特色。现在保存的最大最完整的是北京故宫，其次还有清初建造的沈阳故宫。

坛庙是皇室祭祀天、地、社稷、祖先、五岳的地方，也包括了一些其他的祭祀建筑，除了五岳和孔庙之外，大部分都集中在京城周围。

### 4.1.1　北京　故宫

北京故宫是明、清两朝皇帝的宫殿，它始建于 1406 年（明永乐四年），到 1420 年（永乐十八年）基本建成，前后历时 14 年，当时曾征调了全国各地名工巧匠及民夫、军工二三十万人为建造这组庞大的宫殿建筑群服务，使它成为目前我国最豪华、规模最大的建筑群，在世界建筑中也是罕见的。故宫在明、清二朝先后都有一些扩建、改建或重建，但总体布局和建筑的基本形制仍是遵守明初的模式。

北京故宫原名紫禁城，也称宫城，位于北京城的中轴线上，在它的外部还有一道皇城，大体上呈一不规则的方形，南北约 2750 米，东西约 2500 米，四周是红色的墙垣，每面均开有城门，其中南面的大门就是著名的天安门。在宫城内设有社稷坛、太庙、寺观、衙署、宅第等各类皇室有关建筑，以及包括有大型的皇家园林、北海、中南海和景山。

宫城南北长约 960 米，东西宽约 760 米，是规则的长方形平面。宫城四周均由高大的城墙环绕，四角设有体形复杂的角楼，成为皇宫界线的标志。宫城四面均有巨大城门，南面正门为午门，北面为神武门，东面为东华门，西面为西华门。午门前两侧有东西朝房，午门正前方有端门和天安门，使得人们在进入宫殿前已预先感受到帝王的尊严。

故宫在总平面上大致可分为外朝和内廷两大部分。外朝以太和殿、中和殿、保和殿为主体，前面有太和门，两侧分别设有弘义阁和体仁阁及连续的廊庑。外朝占据故宫南面的大部分范围，是皇帝举行重要仪典和接见群臣的场所。内廷与外朝有墙垣隔开，这是皇帝居住的地方，里面以乾清宫、交泰殿、坤宁宫为主。在这组宫殿的两侧是东六宫、西六宫、宁寿宫、慈宁宫等后妃与太上皇居住的地方。在内廷之后是一座御花园。宫城内还有禁军的值房和一些服务性建筑，以及太监和宫女居住的矮小房屋。

故宫的布局基本上是按照封建传统的礼制来布置的。例如，社稷坛位于宫城前面的西侧（右），太庙位于东侧（左），是附会"左祖右社"的制度；而前三殿后三宫的关系则体现了"前朝后寝"的制度。

故宫在总平面布局上，既遵守着封建社会的礼制，又充分体现着帝王的权威与尊严，它在精神上的感染作用远远超过其实际的使用要求。为了显示皇家的气概，全部主要建筑严格对称地布置在中轴线上，在整个宫城中以前三殿为重心，其中又以举行朝会大典的太和殿为其主要建筑。因此，在总体布局上，前三殿占据了宫城中最主要的空间，而太和殿前的庭院，面积达 2.5 公顷，是宫殿内最大的广场，它有力地衬托着太和殿是整个宫城的主题。至于内廷及其余部分虽然也有轴线，并力求严整的格局，但相对而言则比较紧凑。为了强调宫城内的主题建筑，从进入天安门后，要再经过端门、午门、太和门，然后才能到达太和殿前。通过这一道道高大的门楼和一进进深远的庭院和甬道，使人在到达主体建筑前已深深感受到了皇宫严肃宏伟的气氛。北京故宫给人以宏伟的印象是用建筑群的组合方式获得的，它不像西方宫殿只强调单体建筑的艺术效果，这种用空间变化来衬托主体建筑的手法更能获得巨大的艺术感染力，使主体建筑能在特定的空间中获得特定的场所精神与威力。

为了烘托主体建筑，三大殿均立于高大洁白的汉白玉石雕琢的三重须弥座台基上。太和门距午门 160 米，门前为一开阔的广场；金水河环绕其前，河上有五龙桥。金水河既是吉祥的象征和空间中的装饰，同时，也是宫城内防火的备用水源。太和门过去曾是日常皇帝听政的场所，地位较高，实际上是一座小型殿宇，做成七间重檐歇山顶建筑。

太和殿在明朝时原为九间殿宇，清朝改为十一间，但总体尺度无大变化，它是目前我国现存最大的木构建筑。太和殿全长 63.93 米，进深 37.17 米，高 26.92 米，台基高 8.13 米，造型十分宏伟壮丽。太和殿的形制是木构殿宇中的最高等级，重檐庑殿顶（四坡式），黄琉璃瓦屋面，两端正吻（屋脊两端的龙头装饰）高 3.4 米，红柱，红墙，上檐用十一踩斗栱，下檐用九踩斗栱，梁枋上均绘有龙纹和玺彩画（图 4-1）。太和殿的用途是举行最高级的隆重仪式，如登极、元日、冬至朝会、庆寿、颁诏等。因此殿前不仅需要有宽阔的平台，而且还需要在下面设有巨大的庭院。平台上面点缀有铜龟、铜鹤、日晷、嘉量（斗形容器）等作为长寿、富裕的象征和环境气氛的烘托。而下面的庭院实际上是一个广场，面积达 3 万多平方米，可容万人庆贺与仪仗队的布置。院内没有任何绿化布置，巨大的广场上只有三层洁白的汉白玉石栏杆衬托着彩色艳丽的太和殿，显得格外鲜明突出。

故宫内的其他建筑物均比太和殿体形要小，高度也低矮一些，以显得主次分明和建筑物组合的高低错落，整齐有序，而且也能产生一种有规律的节奏。

在东六宫和西六宫内，布局虽然也很规则，但因为是居住的部分，

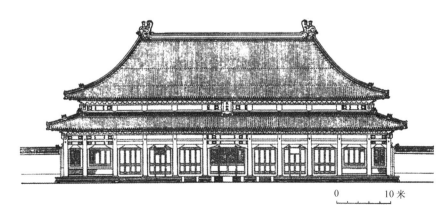

0　　　　10 米

图 4-1　北京　故宫太和殿
　　　　　正立面

房屋的高度比较适宜，庭院尺度也较小，院内常布置有花木，显得比较富有生气。

故宫建筑群不论在规模上、尺度上都是无与伦比的。它在创造空间序列方面达到了很高的水平，留下了宝贵的经验，为建筑群体的布局树立了杰出的东方模式。故宫在单体造型上的变化也是丰富多彩的，不仅屋顶形式随不同建筑性质而有变化，而且角楼与亭阁的屋顶做得相当自由，而且复杂，成为建筑装饰的重点部位，这是故宫建筑的另一特色。故宫在装饰与色彩方面尤为突出，装修细部雕饰极其精致，梁枋彩画与盘龙藻井更令人叹为观止。北京故宫不愧为举世无双之杰作。

### 4.1.2　北京　天坛

在皇家的祭祀建筑中有天坛、地坛、日坛、月坛、太庙、社稷坛等，其中最著名的要算天坛了，位置在北京外城南部永定门内大街的东侧，天坛是明清两朝皇帝祭天与祈祷丰年的地方。现在的规模是公元1530年（明嘉靖九年）形成的。遗物中只有祈年门和皇乾殿是明代原构，其余建筑都经过18世纪初重修，主要建筑祈年殿是在公元1889年（清光绪十五年）被雷火焚毁后按原来形制于次年重建的。

天坛总占地面积为280公顷，外形近乎方形，只是北面两角抹成圆形，象征着古代"天圆地方"之说。外围墙东西长约1700米，南北距离约为1600米。在外圈围墙之内还有一圈类似的围墙，在二重围墙之内遍植桧柏，年久高大苍劲，更衬托着天坛　组建筑的神圣庄严。

在天坛中以圜丘到祈年殿一组建筑形成南北轴线，作为整体的中心，也是天坛的主题。

在内围墙西门内南侧设有一处斋宫，这是皇帝祭祀前斋宿的地方；在外围墙西门以内还建有一处饲养祭祀用牲畜的场所和舞乐人员居住的神乐署。

在圜丘与祈年殿之间有一条高出地面4米的砖砌大甬道相通，它们之间长400米，宽30米，当时称之为丹陛桥。甬道两旁只见翠柏树冠夹持，远处是一片蓝天，行走其上犹如步入天境。

圜丘是一个白石砌成的三层圆形巨大平台，上层平台直径为26米余，底层直径为55米，明清两朝皇帝每年冬至日就在此处祭天。它的周围用两重矮墙环绕，内墙平面作圆形，外墙平面作正方形。两重矮墙的四面正中都建有白石棂星门。这一露天建筑造型简洁开朗，与天空融为一体，表达了主题的寓意。

在圜丘的北面是皇穹宇，它平时供奉着"昊天上帝"的牌位，只有在祭祀时才移到圜丘上。在皇穹宇的两侧各建有一个长方形的小配殿，整个三座建筑都环绕在圆形的大围墙内。皇穹宇是圆形平面，底下有单层的白石基座，上面是单檐的圆形攒尖蓝琉璃瓦顶，有意和天空相呼应。它的外面装饰十分丰富，在白石栏杆的衬托下更觉高贵典雅。

　　皇穹宇的北面是祈年殿，这是天坛中最主要的建筑之一，也是标志性的建筑。祈年殿同样是一座圆形平面的殿宇，上面覆盖着三层蓝色琉璃瓦圆形攒尖顶，金色的宝瓶，在阳光照耀下闪闪发光，更强调了与蓝天接近的象征。殿身为红色柱子和门窗，梁枋和斗栱上都满布着彩画。内部也用藻井和斗栱装饰，技艺精湛，色彩艳丽，充分表现了中国古典建筑艺术的成就。在建筑物下是三层圆形的石基座，衬托着上部以蓝绿色调为主的殿宇，更显其秀丽英姿，它不愧为我古典建筑的优秀范例之一（图4-2）。

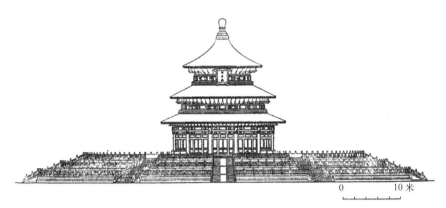

图4-2　北京　天坛祈年殿正立面

## 4.2　典雅的皇家苑囿与私家园林

　　为了适应帝王游乐和避暑的需要，自古以来就建造有不少皇家园林，早在商周时代已有苑囿的记载，当时只不过是一块自然的山池和动物养殖场，后来经过历代的发展，营造苑囿之风日盛，不仅集取了天然之趣，而且大大增加了人工之美，成为帝王经常巡幸的地方。在历史上我国曾有过不少皇家名园，如汉代的上林苑，宋朝的艮岳，清朝的圆明园都是一代名作，尤其是圆明园曾被世人称为"万园之园"。可惜这些已不复存在，但从现存的颐和园与避暑山庄中仍能看到昔日的景象。

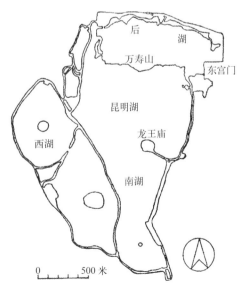

图4-3　北京　颐和园总平面

### 4.2.1　颐和园

　　今天保存得比较好的皇家园林，可以颐和园与避暑山庄作为代表。颐和园位于北京西郊约10千米处，全园面积约3.4平方千米。其中水面约占四分之三，北面山地约占四分之一（图4-3）。清康熙四十一年（1702年）最先在这里兴建行宫。从乾隆十五年（1750年）起，又大规模修建皇家园林，当时称清漪园。北面山地称万寿山，上面建有大量亭台楼阁。南面湖水

图4-4 北京 颐和园万寿山佛香阁

称为昆明湖，经过疏浚与筑堤，不仅是园内重要景区，而且成为北京的蓄水库之一。清咸丰十年（1860年），清漪园遭到英法侵略军破坏，光绪十四年（1888年）基本修复，后改为颐和园。光绪二十六年（1900年）又被八国联军破坏了一部分，直到光绪二十九年（1903年）才再次基本修复。

颐和园的总体布置大约可分为四个区。东部是行宫，包括东宫门、仁寿殿、大戏台以及后面的居住庭院等部分。这里是清朝皇帝避暑时处理政务和居住的地方，宫殿建筑形式与内部陈设仍按传统方式，只是周围增加了花木、山石点缀，富有一些自然气息，与故宫布置略有区别。居住庭院部分也比较简朴低矮，屋顶不用琉璃瓦，只用普通灰色筒瓦，梁枋彩画也多用苏州淡雅风格，不用贴金龙凤图案，加上院内花木、湖石点缀，颇有清秀怡人之趣。这样可以更换一下宫廷建筑严谨豪华的气氛。在行宫的东北部设有一个小巧精致的"园中园"，名为谐趣园，它是模仿无锡的寄畅园建造的，园内亭廊、曲桥布置得体，花木、水面位置合宜，虽规模不大，但其景色秀丽，有世外桃源之感。

其次是万寿山前山区，它以排云殿、佛香阁一组建筑为中心，前后两侧各布置有许多小建筑群以作为陪衬，使这一地带成为颐和园的主景区。佛香阁是八角四层的木构建筑，它那高大的形体，金黄色的琉璃瓦屋顶和参差错落的轮廓线，使其成为颐和园的主要标志（图4-4）。在山下有700多米的一条长廊和湖边连续不断的白石栏杆，不仅把前山建筑连成一体，而且增加了对比的效果。

万寿山后山区是一组喇嘛教的庙宇，布置着富有地方特色的藏式平屋顶建筑和一些小白塔，周围苍松乔木环抱，使其能带有一些异域色彩。加上在后山北面的曲折后湖及江南水乡街景，更觉幽静典雅。

昆明湖区是一片开阔的水面，湖中有长堤、岛屿点缀，加上拱桥断续相连和一些亭台参差其间，宛然如一片江南水乡风貌，使人一眼望去，顿感心旷神怡。尤其值得一提的是，通过园景巧妙布置，能使颐和园外西山诸峰与玉泉山塔尽收眼底，成为借景的佳作。

### 4.2.2 避暑山庄

它位于河北承德市北，距北京约250千米，它是清朝皇帝为避暑所建的离宫所在地，宫后有规模巨大的皇家园林。它的规模超过了颐和园，建造时间在18世纪初。

清朝康熙皇帝时曾最先在承德北郊热河泉源处建造了离宫，并兴修园林，设立三十六景。到乾隆时期，面积又有所扩大，总占地面积达到5平方千米左右，并又新增了三十六景，使避暑山庄趋于完善。避暑山庄不仅夏季可以避暑，而且秋季可以到北面围场行猎。

避暑山庄的离宫部分位于南面的入口处，共由几组四合院式的建筑组成，其中东宫勤政殿一组建筑已毁，其余几组建筑仍保存完好。目前正殿澹泊敬诚殿一路，松鹤斋一路以及康熙居住过的万壑松风殿一组建筑基本都保持原样，所有殿宇都用卷棚顶，不用琉璃瓦，装饰油漆都很淡雅，表现了崇尚自然纯朴之风。

离宫北面的园区，大部分是山地，约占总面积的五分之四，山上分散布置有许多景点，因地制宜，远近观赏都能得诗情画意之趣，其中比较著名的如梨花伴月、四面云山等处景色非常优美。园区内平原与水面部分比重相对较少，但在规划设计中却能布堤筑岛，集中湖面，使其产生烟波浩渺的意境。为了能兼得江南秀丽景色，园中多处写仿南方名胜，如"文园狮子林"是仿苏州狮子林，"小金山"是仿镇江金山寺，"烟雨楼"是仿嘉兴南湖烟雨楼，"芝径云堤"是仿杭州西湖的苏堤。

避暑山庄不仅山清水秀，而且气候凉爽宜人，目前仍是我国著名旅游胜地，在山庄之外的东北部还分散布置了外八庙，它们都是喇嘛教的建筑，形式兼有汉、藏建筑的特点，轮廓起伏，色彩艳丽，从避暑山庄望去也可成为美丽的借景。

### 4.2.3　苏州园林

私家园林早在西汉、东晋和南北朝时期已有不少记载，及至明清两代更为普遍，其中以北京、洛阳、南京、苏州、扬州以及岭南一带地区为多。目前保留最多而且最有代表性的则首推苏州园林，现在已被列为世界文化遗产。这些园林过去都是在封建社会时期，为满足官僚地主和富商的生活享乐而建造的，既能得自然山水之趣，又能有城市生活之便，因此园林往往都是集中于城市，和住宅紧密毗连，甚至有时还附有祠堂和义庄（私人慈善机构），成为社会生活与休闲观赏的综合场所。

苏州私家园林在明清极盛时代，不计其数，仅20世纪60年代调查，尚遗存有大小园林和庭院达186处之多，小的一亩半亩，中等的十余亩，大的几十亩。这些园林为了要在有限的空间范围内创造一种特殊的"城市山林"，因此逐渐形成了系统的造园经验与手法。

大型园林为了便于可以单独对外开放，一般都设有独立的园门，园内布局常进行分区，多在一主景区周围划分为若干个次景区和庭院，使得各个空间都能有不同的主题，从而增加观赏内容。各个景区之间的分隔比较自由，可以用院墙、曲廊、假山、建筑、花木等元素灵活处理，并可获得空间渗透之趣，使人在有限的空间内产生无限空间之感觉。主景区的主题一般以山水为多，其余各景区则可以花木、石峰、水体为观赏题材，如石林小院，五峰仙馆主要观赏石峰，海棠春坞是观赏花木，小沧浪则是欣赏碧波云影的意趣。甚至有的景点亦可借题抒发诗情画意，如又一村、佳晴喜雨快雪之亭、留听阁、听雨轩等也是创造意境的一种手法。

园林中的道路是串联景区与景点的重要手段，既要能四面环通，又忌僵直，以弯曲迂回为佳，可形成"步移景异"之趣。为了在园林中能获得变化多端的景观，在造园过程中常采用对景和借景的手法。对景就是利用门框、门洞、窗洞或曲径正对某一景点，使其呈现最佳画面，突出观赏效果。借景则是将非园内之景色通过造园手法收集到园内以供欣赏，常见的有远借、邻借、仰借、俯借、应时而借等手法，曾在一些园中有所体现。如拙政园梧竹幽居亭可远借北寺塔景观，宜两亭可邻借中部园景，网师园月到风来亭则可仰借明月，俯借游鱼，还可应时而借清风雨雪，作为欣赏对象。此外，园中的匾额，楹联亦是增加园林意境的手法之一，例如拙政园雪香云蔚亭中的一副对联"蝉噪林愈静，鸟鸣山更幽"也使这一景点增加不少情趣。

假山、水面、花木、建筑是园林的四大要素，苏州园林中均有独到的手法，从而形成秀丽、典雅、明快、错综的风格，它是一首无声的诗，立体的画，它使人感到亲切，令人陶醉。

### 4.2.4　拙政园

拙政园位于苏州古城区东北街，创建于明代正德年间。原属御史王献臣的私园，1509 年开始建造，以后历代屡有兴废，园主也多次更换。太平天国时期，这里曾是忠王李秀成的花园。现在全园面积约为 41300 平方米，包括有东部、中部和西部三区。中部大致仍保持着清代中期旧貌，是拙政园的主体部分；西部在清末光绪三年（1877 年）曾划出，名为"补园"，是晚清的布局；东部原属明末"归田园居"旧址，久已荒废，新中国成立后并入拙政园，已全部改建（图 4-5）。

拙政园中部面积约 12300 平方米，水池约占三分之一，主景区以水池和二岛为中心，周围布置有许多庭院和景点，可以丰富观赏对象。从过去拙政园的入口向北通过甬道可抵达腰门，对景为一黄石假山，间植扶疏花木，隐约可见后面园林景色，折向西经曲廊与石桥即可达主要建筑远香堂之前。此堂系四面厅形式，有一圈回廊，它既作接待宾客之用，又是全国最佳的观赏点。南有一自然石块铺砌的大平台，前为精巧山池，以乔木数株点缀，自成一区半开敞的空间。透过远香堂北望，主要水面与池中二山尽收眼底，山上林木葱翠，东、西各有一亭。东面假山较小，上面筑六角形待霜亭一座，以欣赏秋季红橘为主题。经山间曲径过石板桥可看到西面山上的雪香云蔚亭，此亭为长方形卷棚歇山顶，这里的主题是观赏梅花，同时也是远香堂的主要对景，起到画龙点睛的作用。从远香堂向东望是一座轻巧的绣绮亭，它屹立在缓坡的土山上，山下有漫植的牡丹，山上有高大的林木，衬托得这座山亭更为静谧宜人。自远香堂向西望，透过曲廊可模糊看到显现在西南隅的庭院与景物，表现出私家园林幽深与含蓄的性格。

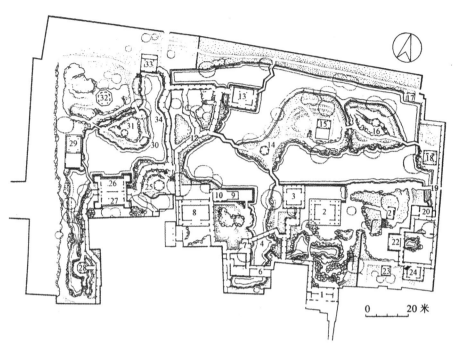

1—腰门
2—远香堂
3—南轩
4—小飞虹
5—松风亭
6—小沧浪
7—得真亭
8—玉兰堂
9—香洲
10—澂观楼
11—别有洞天
12—柳荫路曲
13—见山楼
14—荷风四面
15—雪香云蔚
16—待霜亭
17—绿漪亭
18—梧竹幽居
19—东半亭
20—海棠春坞
21—绣绮亭
22—玲珑馆
23—嘉实亭
24—听雨轩
25—宜两亭
26、27—三十六鸳鸯馆
28—塔影亭
29—留亭阁
30—与谁同坐轩
31—笠亭
32—浮翠阁
33—倒影楼
34—水波廊

图4—5 苏州 拙政园平面

园内东南隅的枇杷园、听雨轩、海棠春坞一组庭院，是封闭空间和开敞空间的结合体，也是人工与自然有机的融合。其中海棠春坞小院虽空间不大，但却因两侧衬以更小的院子而显得小中见大，使园中几株海棠尤感潇洒宜人，成为书画或小聚的佳境。园中西南隅的小沧浪水院，香洲石舫则是以水景为特色的观赏点，尤其是自小沧浪水阁北望，透过小飞虹廊桥，可看到荷风四面亭与见山楼的远景，加上水中倒影摇动，颇得生气盎然之趣（图4—6）。香洲之西的玉兰堂属于花厅性质，是住宅和花园之过渡空间，兼具二者之使用功能，布置在此甚为恰当。

过别有洞天圆洞门向西为西部园林，面积为8300平方米。园中北部以假山为主体，水池呈东南环绕状，经西端向南直达院墙。山巅有二层浮翠阁，山下有笠亭和扇面亭。扇面亭名为"与谁同坐轩"，位于水面转折处，因地势弯曲而筑成扇形。其意取自苏东坡之名句："与谁同坐，清风明月我"，表达了园主人的孤芳自赏。园南部有主要建筑三十六鸳鸯馆，附有四个耳室，原为供服务人员伺候之用，以致建筑形式与众不同。厅内用隔扇与挂落划分为二部分，南半宜于冬春，院前植有山茶，故又名十八曼陀罗花馆。北半适于夏秋观赏山水景色，以得自然之趣。园东有水廊，曲折蜿蜒于池上，北接倒影楼，南达黄石假山之下，折西达鸳鸯厅。此水廊的曲折形体既可作为观赏路线使用，又可遮挡背面围墙之单调外貌，是园林中常用的一种手法。西部园林虽亦颇费匠心，但毕竟景物过多，有局促之感。

图4-6 苏州 拙政园小飞虹

东部面积约 20600 平方米，原为归田园居旧址，现已荡然无存。据记载，该园曾有四个景区。中为涵青池，池北为主要建筑兰雪堂，周围以桂、梅、竹屏之。池南及池左，有缀云峰，联壁峰，峰下有洞，曰"小桃源"。兰雪堂之西，梧桐参差，茂林修竹，溪涧环绕，为流觞曲水之意。北部系紫罗山、漾荡池。东南为荷花池，中有秫香楼。20 世纪 60 年代初在将东部并入拙政园后，即重新进行修复，但已与原来布局迥异，仅沿用过去园中的某些景点名称。现在东园基本以水池和土山为主，建筑布置较稀疏，并留有大片空地以供现代活动之用，景点主要有兰雪堂、芙蓉榭、天泉亭、秫香馆等。新辟的拙政园大门亦改由东部入内。

### 4.2.5 留园

它在苏州城西阊门外，占地约 20000 平方米，是苏州名园之一。此园原是明朝嘉靖年间太什寺卿徐秦时的东园。清朝嘉庆年间归刘恕所有，改称寒碧庄（亦称寒碧山庄），俗称刘园。后因兵灾，园林荒芜。至光绪初，由官僚富豪盛康进行了修复与扩大，改名留园，似有意作为刘园的谐音。1949 年前，园林再次废弃，1953 年由于得到及时抢修，致使一代名园得以重放异彩，现在的面貌大致为清末的规模。

留园共分四区：中部、东部、北部与西部，四区各有不同特色。中部又分为东西两区，西区以山池为主。自园门经曲折甬道至古木交柯小院，可谓已进入园林序幕，透过一排各式漏窗隐约可见园中丰富景色。转入"绿荫"与荷花厅前平台，全园景色才豁然开朗，参天古树与山池相映，显得十分典雅幽静，山上有可亭，是寒碧山房的主要对景。东区的庭院组

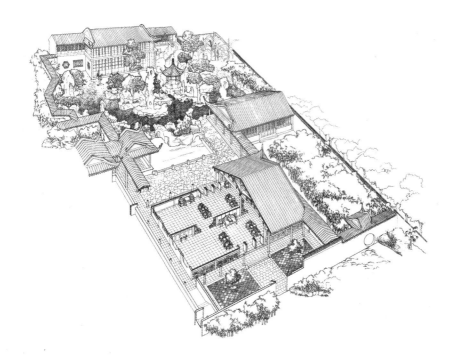

图4-7　苏州　留园冠云峰庭院鸟瞰

合最为著名，空间穿插，似分似合，更觉造园手法之妙，其中石林小院一组空间，在中心庭院周围又环绕有六个小院，衬以花木竹石，形成景物绵延不断之势，使原来不大的庭院变成了生动活泼的流动空间。五峰仙馆是全园的主要厅堂，厅内屏障字画、几案桌椅一应俱全，加以前后院配以山石花木，更显几分风雅华贵。东部可分前后两区，前区原有戏台，供家宴欢聚之用；后区主要环绕冠云峰布置，石峰屹立于庭院中央，高达5.6米，为苏州诸园现存湖石之冠，相传为宋朝花石纲遗物。石峰之北有冠云楼作背景，石峰之南有鸳鸯厅，名为林泉耆硕之馆，是主要观景点。石峰前有浣云沼水池作为衬托，使石峰形体更觉俊俏多姿（图4-7）。北区以"又一村"圆洞门为界，小径旁竹篱花圃，朴素淡雅，似仿农家风韵。西区以山林为主景，石径崎岖，枫林遍布，间置舒啸亭与至乐亭于林间，颇得天然野趣之意境，是城市山林理想的典型写照。

### 4.2.6　网师园

网师园在苏州古城东南的十全街南侧，是苏州园林中最精巧的代表作品。网师园原为南宋官僚史正志万卷堂故址，始建于公元1174年，当时称"渔隐"，后荒废。至清乾隆年间（公元1765年前后），更名为"网师园"，基本形成现在园林的布局，以后又屡有增补改建。

现在园林与住宅部分的面积共有6600平方米，园林位于住宅西侧，面积约5400平方米。原来住宅大门在阔家头巷，经轿厅折西有小门，楣上砖刻"网师小筑"，即此园入口。住宅北面亦有后门，现改为网师园的主要入口。网师园因面积较小，故中部以开阔水面为主，周边布置低矮

**图 4-8　苏州　网师园中部鸟瞰图**

的黄石池岸与石矶，配以灌木花丛，使水池增加不少生机。池南以濯缨水阁与黄石假山为主景；池北则以看松读画轩与古树两棵与水池相映衬，颇有古朴典雅之风。池东北的竹外一枝轩与西面的月到风来亭也遥遥相对，加上石桥、粉墙、曲廊的组合，构成了十分精美的园林建筑画面（图4-8）。在园林的南北两区各有庭院一组，南面有小山丛桂轩、蹈和馆、琴室等建筑和小院；分别以欣赏丹桂与盆景为主题。北面则有五峰书屋与集虚斋为主的庭院。这些庭院与建筑都是园内生活、休闲与观赏的辅助用房。既可使观赏功能更为舒适方便，又可获得空间曲折层次，增加中国园林含蓄之美。在园林主景的西面另有一区空间，主体建筑为殿春簃（yí），系观赏芍药之庭院，院南有冷泉亭与涵碧泉，在花木衬托下亦别有情趣。美国曾模仿此院构筑丁纽约大都会博物馆中，改名为"明轩"，是中国园林艺术对外交流之一例。

## 4.3　清净的佛教寺院

佛教最先发源于印度，时间在公元前500年左右。随着佛教的兴起，便出现了一些佛教寺院和供信徒遁世苦修的石窟，同时还产生了埋葬"佛骨"的窣堵坡（墓塔）。佛教讲究四大皆空，苦修善果，普度众生，因此佛教建筑都带有清净朴素，神圣虚幻的特征。佛教很快传到东南亚、中国、日本等地，并在这些国家得到很大发展。

### 4.3.1　中国的佛教建筑

印度的佛教传入中国大约在西汉后期，但最早见于记载的是公元67年（东汉永平十年）在洛阳建白马寺。根据文献记载，公元2世纪末，笮融在徐州建浮屠祠，下为重楼，上累金盘，这是当时在吸取印度窣堵坡类型的基础上，结合中国楼阁传统做法而创造出的一种楼阁式佛塔。经三国到两晋、南北朝时期，佛教在中原一带得到很大的发展，据记载南朝首都建康有佛寺500多所，而北魏首都洛阳则有1367所佛寺，当时佛教之盛可以想象。除了佛寺之外，佛塔与石窟也是主要建造对象，至今仍留有不少价值连城的遗物。

在佛寺中最著名的要算五台山的佛光寺，蓟县的独乐寺，拉萨的布达拉宫以及应县的佛宫寺了。这些建筑群不仅表现了中国古代匠师卓越的木工技艺，而且也表现了中国古典建筑艺术的成就。

### 4.3.2  五台山  佛光寺

佛光寺是唐朝五台山"十大寺"之一，也是华严宗的重要圣地。它位于山西五台县豆村附近一个向西的山坡上，因此主要轴线为东西向，大门朝西。寺前一片开阔地带，周围青山环抱，景色清幽。寺的总平面，为适应地形的关系分成三个平台，第一层平台较宽，北部有1137年（金天会十五年）建的文殊殿，南侧原有观音殿，现已不存。第二层平台上则立着佛光寺的正殿，据记载是公元857年（唐大中十一年）所建。此殿现保存完好，是唐代木构殿堂中的杰出范例。

正殿面阔七间，进深四间，其结构由内外两圈柱组成，形成面阔五间，进深两间的内槽和一圈外槽。内槽后半部建一巨大佛坛，对着开间正中布置着三座大佛及一些菩萨，共有二十余尊，都是唐代的遗物。大殿正面中央五间设板门，二尽端开窗，其余三面围以厚墙，仅墙后部开小窗。

大殿在内部的艺术处理方面表现为结构与艺术的和谐统一，使复杂的木结构与斗栱形成为有机的装饰。大殿檐柱与内槽柱等高，只是用斗栱的大小和高低来调整内外槽空间的高度。在内部梁架下有方格天花，佛像后有背光，微微向前倾斜，强调了佛像的重要地位。在室内梁架和天花上基本都刷成土红色，只有佛像表面贴金，形成祥和、安静、统一的效果。

大殿的外观具有古朴雄伟的特点，低矮的台基衬托着上面的主体建筑。立面每间比例近于方形，两侧柱比中间柱微微高起，并且角柱有一点侧脚，使整个屋檐呈现为一条平缓有劲的曲线。每个柱头上都放置着硕大的斗栱，其高度差不多等于柱高的一半，因此能支撑着屋檐挑出约有4米远，加上屋面坡度平缓，看起来斗栱显得特别雄大，外观也显得稳健庄严，表现出盛唐时代的古风。在屋顶的正脊两端各有一个鸱尾作为装饰，相传古代是用它作为镇火的象征（图4-9、图4-10）。

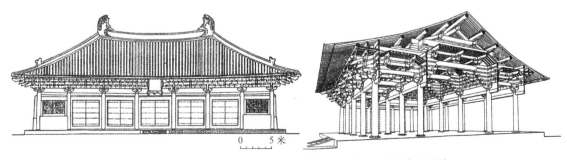

图4-9  五台县  佛光寺大殿立面

图4-10  五台县  佛光寺大殿梁架

### 4.3.3　蓟县　独乐寺观音阁

它位于天津市蓟县城内，是辽代建筑的重要实例，建于公元 984 年（辽统和二年）。独乐寺现存有山门和观音阁，都是辽代遗物，在这两座建筑之间原有回廊环绕，后被毁。

观音阁在蓟县城内非常突出，高踞于一般民房之上。阁高三层，但外观上只有二层，中间为暗层。阁中布置有一座高 16 米的十一面观音像，造型精美，是辽代原塑，也是中国现存古代最大的塑像。观音像直通三层，因此阁内开有空洞以容像身。第三层在像上顶部覆盖有藻井，两边次间顶上则用方形天花，使中部主体显得突出。阁的中间夹层部分就是平坐结构和下层屋檐所占的空间。上下各层的柱子并不直接贯通，而是上层柱子插在下层柱头斗栱上。为了防止结构变形，在暗层内和第三层外围壁体内施加斜撑。上下两层屋檐下均施以斗栱，虽同为四跳出檐，而下部全用栱，上部则用二栱二昂（昂为斗栱中向下伸出的斜木），既可以在重复的斗栱中增加变化，又可以减少屋顶的空间，节省结构用料，做到了结构、功能与美观的统一。阁的外观雄健而清秀，兼有唐宋建筑风格的特点。由于建筑物较高，为了使建筑物保持稳定，各层柱子均略向内倾斜，下檐上面四周建平坐，上层覆以坡度平缓的歇山式屋顶。阁下有较低矮的台基。整个建筑显得平易近人，但当你进入后却会感到震惊，联想起观音菩萨的法力无边，收到理想的建筑艺术效果。

### 4.3.4　拉萨　布达拉宫

这是一组大型喇嘛教寺院建筑群，位于西藏拉萨的山头上。喇嘛教属佛教的一支，主要在藏族与蒙古族地区盛行，它既有佛教寺院的共同特征，又带有强烈的地方色彩。布达拉宫是藏族建筑的代表，它始建于公元 7 世纪松赞干布王时，现存的建筑是公元 1645 年（清顺治二年）重建的，工程十分浩大，历时达 50 年。

寺院建筑的结构，大部分使用密梁平顶构架，外部包以很厚的石墙，石墙有很大的收分，窗很小，因而建筑显得坚固厚实。在檐口和墙身上做有许多横向的装饰带，给人以多层的印象，扩大了建筑的尺度感。厚实的墙身上点缀着木门廊，有一部分上面盖有汉族传统形式的屋顶，使得建筑物雄健而生动。在色彩与装饰上根据教义的规定：经堂和塔外部都刷白色，佛寺刷红色，白墙面上用黑色窗框，红色木门廊及棕色饰带；红墙面上则主要用白色及棕色饰带。屋顶部分及装饰带上有的重点点缀溜金装饰，或用溜金屋顶，这些装饰色彩对比非常强烈，造成藏族佛寺建筑的鲜明外观。

布达拉宫沿山修建，外观十三层，但实际仅九层。主体建筑分"红宫"与"白宫"两大部分。红宫是大经堂和存放历代达赖喇嘛尸塔的大殿所在；白宫是寺院的居住部分。布达拉宫在建筑艺术处理上比较突出之处是很好地利用了地形，把主体建筑布置在小山顶上，与山形融为一体，

图 4-11 拉萨 布达拉宫

起着控制全城的作用,使人们在城市各处都能观赏到布达拉宫的雄姿(图4-11)。

### 4.3.5 应县 佛宫寺释迦塔

佛宫寺位于山西应县城的西北部,是古代非常著名的一座佛教寺院。寺院还保持着南北朝时期传统的前塔后殿的型制。总平面沿南北轴线布置,南面是山门,现已毁,两旁为钟鼓楼。正对山门北面的是释迦塔,再后为大殿。在塔前与大殿前的两旁均各有配殿。现存遗物中只有释迦塔是建于公元 1056 年(辽清宁二年),其他建筑都是后来重建的。

佛宫寺释迦塔是我国现存最古老的一座木塔。塔的平面为八角形,高九层,其中有四个暗层,所以外部看起来只有五层;再加上底层为重檐,总共有六层檐子。这座楼阁式木塔体形庞大,从底到顶高度达到 67.3 米,底层直径为 30.27 米。由于各层均有腰檐与平坐划分,并且塔身各层逐渐收分,高度逐渐降低,使人感觉体形仍是空透和精巧,就像一座大型的木雕。加上攒尖的塔顶和造型优美富有向上感的铁刹,更增添了木塔雄伟庄严的形象。释迦塔全部内外结构均为木料做成,它不仅表现了古代木结构技术的高度成就,而且也为应县城的轮廓增加了标志性的情趣。释迦塔是世界古代最高的木结构建筑之一,它的大胆创造充分反映了我国匠师的聪明才智(图4-12)。

图 4-12 应县 佛宫寺释迦塔

### 4.3.6  石窟寺

这是从印度传来的一种佛寺形式，在我国古代也很盛行。营造石窟，早在南北朝时期就已开始，那时，凿崖造寺之风非常普遍，比较重要的石窟有山西大同的云冈石窟，甘肃敦煌的莫高窟，甘肃天水的麦积山石窟，河南洛阳的龙门石窟，山西太原的天龙山石窟等。其中敦煌的莫高窟和龙门石窟，在隋唐之后继续得到大规模的开凿。

这些石窟从发展方面看，大致可分为三种类型。

初期的石窟，如云冈的第 16 ～ 20 窟，平面都是开凿成椭圆形的大山洞，其洞顶雕成穹窿形。它的前面有一个门，门上有窗，后壁中央雕刻一座巨大的佛像，在云冈 17 号窟中的雕像高达 15.6 米。

中期的石窟多采用方形平面，规模也比较大，具有前后二室，或在窟中央设一巨大的中心柱，柱上有的雕刻佛像，有的刻成塔的形状。这类窟的壁面上都布满精湛的雕像或壁画，在壁画中除了佛像外，还有佛教故事及建筑、装饰花纹等。

晚期的石窟，门前常雕有二根石柱，柱上有额枋和斗栱，在柱中间的门上常做成火焰纹的券头，形成一个古朴的门廊。

到了唐朝，营造石窟之风达到高潮。唐代所凿的主要石窟分布在敦煌和龙门。由于敦煌莫高窟属红砂石成份，石质松散，不宜雕刻细致花纹，故均用壁画与彩绘代替；而龙门石窟为石灰石成份，质地细腻，故常雕刻有精致的佛像与各种图案。从敦煌大量唐代石窟的壁画中可以看到唐代佛寺的形制、规模与佛教故事，也可以从这些壁画中了解到唐代绘画的技巧，音乐与舞蹈的形式，日常生活的方式，人物服饰与梳妆打扮的特点。这些石窟艺术已成了今天研究古代文化的实物教材，不愧为建筑艺术宝库中的珍贵财富。

## 4.4  规模浩大的陵墓

中国古代帝王历来重视死后阴间之说，故地下宫殿早已有之，为了厚葬，其规模之大，耗费人力物力之多，实属惊人。在历史上除埃及之外，很难有国家可以相匹敌。

帝王的坟墓从秦汉开始均称"山陵"，多葬于山区，与天地共存。一般陵墓分为地上和地下两部分。地面部分，主要是环绕陵体而形成的一套建筑布局，其作用是给人以严肃、纪念的气氛。建筑布局包括地形选择，入口神道，祭祀建筑群，陵体形式，以及周围一些雕刻点缀小品和绿化等均属此列。长期以来所沿用的一套形制已为后来的大型纪念性建筑提供了范例。由于地面建筑极易破坏，目前能见到的仅只明清二代陵墓尚保存完好。陵墓的地下部分，主要是安置棺椁的墓室，从商周到西汉多用木椁室，东汉以后则多用砖石结构的墓室。随着各朝帝王权势的兴衰，地下墓室规模差别极大，但总体而言，均已形成为"地下宫殿"格局。早期的还伴有殉葬风俗，后来改为明器陪葬，逐渐也已成为一种制度。从已发掘的实物来看，我们可以知道古代不仅在结构技术上已有很高水平，而且在防水、排水、密封等技术上，以及在雕刻、绘画等艺术领域均已有了很高的成就。在中国的皇陵中最有代表性的是秦始皇陵和明朝的陵墓。

### 4.4.1　秦始皇陵

秦始皇陵史称"骊山"，位于陕西临潼骊山主峰北麓的平原上。现存的陵体为阶梯式方锥形夯土台，底部东西 345 米，南北 350 米，高 47 米，共 3 层。周围有夯土墙承重，内垣周长 3 千米，外垣 6 千米，呈长方形，是中国历史上最大的陵墓。

秦始皇陵的选址很好，陵南正对骊山主峰，山势连亘若天然屏障，陵北为渭水平原，开阔舒展。陵自始皇即位初兴工，至公元前 210 年入葬，前后经营约 30 年，用工最多时达 70 万人。陵的内部，据史书记载："以铜为椁，……上画天文景宿之备，下以水银为四渎百川五岳九州，据地理之势。宫观百官，奇珍异宝，充满其中"。这段记载可能是因项羽入关后对始皇陵的发掘所见。20 世纪 70 ～ 80 年代发现的兵马俑坑，大约是"宫观百官"的一部分。

兵马俑为陶质所制，尺度较真人真马略大。分为弓卒、步兵、骑兵、战车兵四兵种，另有将军俑。这些形式各异的陶俑分组埋置地下，其中最大的一坑面积达 62 米 ×230 米，估计有陶俑 6400 件。陶俑所持武器皆为实战真物，用铜锡合金制成，历时两千余年，仍犀利锋锐如新。兵马俑埋置于陵东约 11.5 千米处，其布阵方向朝东。兵马俑的形象逼真，表面涂有鲜艳颜色，外貌栩栩如生，其伟大的场面已被世人誉为"世界第八大奇迹"。

由于陵墓处于骊山北坡，为防止山洪冲刷，沿着北麓修建有东西向防洪沟拦截山洪引向东流，距陵东 2 千米处折向北流入渭河。现今犹可见其痕迹。陵区本身曾发现有陶质水管及石质水管，还有大量瓦砾，表明当时曾有规模宏大的地面建筑群，现遗址虽已不可考，但其布局形制却对后世有很大影响。

### 4.4.2　明孝陵

明孝陵是明朝开国皇帝太祖朱元璋的陵墓，始建于洪武九年（1376年），洪武三十一年（1398 年）太祖去世入葬于内。孝陵位于南京城东钟山之南坡，原为灵谷寺旧址，明代初期为建陵墓而将寺迁至东面现在的位置。陵墓布局分为两段：前段为神道部分，包括大金门、神功圣德碑、石象生（狮、獬豸、骆驼、象、麒麟、马，各两对，一立一卧，共 12 对）、擎天柱、武臣四躯、文臣四躯、棂星门。因为孝陵南面正对三国孙权的陵墓（现为梅花山），故神道由碑亭起便绕孙权墓西侧向北通往孝陵，使神道增加长度达 1800 米。抵棂星门后折东便至金水桥前，由此往后是陵园主体部分，有一条南北轴线正对北面主峰，自南开始布置有大红门、祾恩门、祾恩殿、方城明楼（下为隧道穿登）、宝城（圆形坟墓）。地宫在宝城下。

孝陵以整个钟山为依托，范围广阔，陵园区内遍植松楸林木，终年葱翠蔽日，其间还放养长生鹿千头，更增天长地久之寓意。明孝陵的地面建筑已大部分在 19 世纪 50 年代因战火而遭破坏，但其因地制宜的布局经验却给中国建筑留下了宝贵的财富。

### 4.4.3　明十三陵

明朝于 1421 年迁都北京后，在昌平天寿山便开始陆续营建历代皇陵，号称"十三陵"，其布局基本遵循孝陵形制。建造时间大致从 15 世纪初到 17 世纪中叶。十三陵距北京城北约 45 千米，陵区的北、东、西三面山峦环抱，各个陵墓均依据着一个山峦，分布在山谷中。明朝迁都北京后第一代皇帝成祖（朱棣）的陵墓长陵是这组陵墓群的主体，其他十二个陵各依地势分布于它的东南、西北和西南等处，彼此相距自四五百米至千余米不等。山麓南的缓坡上，距长陵约 6 千米处崛起的两座小山被利用为整个陵区的入口，在一个南北约 9 千米，东西约 6 千米的地区内，结合着自然地形，组成一个巨大的陵园区（图 4-13）。

南面山口处的五间石牌坊是整个陵区的起点，它的造型端庄精美，为国内同类牌坊之冠。牌坊的中线正对着 11 千米处的天寿山主峰。牌坊北约 1300 米，位于两座小山间微微隆起的横脊上的大红门是陵区的大门。大红门内 600 余米处有碑亭和石华表。白此往北至龙凤门，在长约 1200 米的神道两旁，排列着 18 对巨大整石制成的马、骆驼、象、武将、文臣等雕像。龙凤门以北，地势渐高，约 5 千米到达长陵的陵门，因此这条大道也成为十三陵的共同神道。

长陵建成于明永乐二十二年（公元 1424 年）。它是十三陵中规模最大的一座，也是明陵的典型。全陵由前面的长方形院墙和后面的宝顶组成。在院墙南面有三孔方门，入内依次排列着祾恩门、祾恩殿和方城明楼，然后接巨大的圆形宝顶，下面覆盖着深埋在地下的地宫。

祾恩殿是一座和皇宫中的太和殿相类似的大殿，面阔九间，重檐庑殿顶（四坡形屋顶），下面由三层白石台基承托。大殿的面积大致和太和殿接近，是中国现存最大的木构殿宇之一。祾恩殿内部使用三十二根整根的优质楠木柱，最高的约 12 米，而中央明间的四根木柱，直径达 1.17 米，是其他古代木构建筑中所不可相比的。

明朝陵墓地下墓室都用巨石发券构成若干墓室相连的"地下宫殿"。目前只有万历皇帝的定陵——神宗（朱翊钧）的陵墓于 1956 年进行了考古发掘。该陵建于 16 世纪末年。墓室平面大致为最后有一个主室，前面有三长条配室，三室之间用十字形相交的两个隧道所组成。内部藏有异常丰富的陪葬品。其他各陵虽未经发掘，推测其形制会大致相同。清代陵墓形制亦基本仿效明陵，只是名称略有不同。

1—长陵；2—献陵；3—景陵；4—裕陵；5—茂陵；6—泰陵；7—康陵；
8—永陵；9—昭陵；10—定陵；11—庆陵；12—德陵；13—悼陵；
14—石像生；15—碑亭；16—大红门；17—石牌坊

图 4—13 北京 明十三陵分布图

# 第 **5** 章 新建筑运动的钟声

恩格斯曾经告诉我们:"在资本主义初期,如果生产受科学之惠,那么科学受生产之惠则更是无穷之大。"

英国资产阶级革命虽然出现于 17 世纪(1640 ~ 1660 年),但是欧美建筑的重大变化却出现在 18 世纪 60 年代,到 19 世纪 30-40 年代的英国工业革命前后。由于资本主义大生产的发展,特别是工业革命以后,建筑科学有了很大的进步,新的建筑材料、新的结构技术、新的施工方法的出现,为近代建筑的发展提供了无限的可能性,因而在建筑上摆脱复古主义束缚的要求就更加迫切。资产阶级终于在建筑上显示出了自己的力量。"它第一次证明了,人的活动能够取得什么样的成就。它创造了完全不同于埃及金字塔、罗马水道和哥特式教堂的奇迹;……"(《共产党宣言》)。

在 17 世纪中叶到 19 世纪这一段时期里,资产阶级革命的狂风暴雨使社会的一切都处于动荡之中,不仅冲破了旧的生产关系,解放了资本主义生产力,促使了科学技术的进步,而且也克服了长期禁锢人们思想意识的封建传统教条,使资本主义的启蒙思想得到传播。

随着资本主义社会的发展,也给建筑事业带来了一系列的新的变化。

首先是因工业生产集中,也集中了大量受雇佣的劳动群众,城市迅速膨胀起来。城市人口已经不是像中世纪按几千人,而是按百万计算了。土地的私有制和建设的无政府状态,造成了城市建设的混乱。因此,在 19 世纪末和 20 世纪初促使了城市规划科学的兴起和发展。

其次是住宅问题严重。尽管大生产能有足够的生产力来解决这一问题,但是由于资本主义私有制的束缚,广大无产阶级的居住条件始终处于恶劣的状态,对整个城市生态环境已造成了不良的影响,这不能不促使有关当局对人居环境的重视。目前这一问题已被列为世界性关注的课题,并已取得了一系列突破性进展。

再次是建筑技术与建筑艺术之间的矛盾。新的科学技术和新的建筑类型的出现,对建筑形式问题提出了新的要求。旧的历史样式已不能满足新兴的资本主义社会的需要,于是旧形式崩溃的末日来临了,探讨新建筑形式的思潮风行一时。此外,由于 1914 ~ 1918 年的第一次世界大战使欧洲经济受到很大损伤,于是以廉价、简洁、高效为特征的现代建筑便得到了迅速的发展。

近几十年来,随着科学技术与工业生产的发展,在建筑材料、建筑结构、建筑设备、施工技术以及建筑设计方法等方面又有很大的进步,致使各种建筑类型都获得了新的成就。特别是轻质高强材料的出现，以及混凝土、钢材、铝板、玻璃、塑料的大量应用，促使了建筑的革命，也为人类创造了史无前例的建筑奇迹。这是时代的呼唤，是社会进步的象征。

## 5.1　简洁明快的现代建筑

经过 19 世纪末、20 世纪初期无数建筑师对新建筑方向的探索，终于在 20 世纪上半叶逐渐形成了现代建筑学派。这一学派的形成与发展，有如暴风骤雨涤荡着过去的复古思潮与折中主义建筑手法，使现代建筑朝着科学的道路发展，在造型上则以简洁明快为其显著特征。

### 5.1.1　德制联盟

在现代建筑的创立过程中，1907 年由德国企业家、艺术家、工程技术人员联合组成的"德意志制造联盟"（简称"德制联盟"）曾起过重要作用。德制联盟中有许多著名的建筑师，他们认识到建筑必须和工业结合这一方向。其中享有威望的是彼得·贝伦斯（1868～1940 年），他是第一个把工业厂房升华到建筑艺术领域的人。

1909 年贝伦斯在柏林为德国电气公司设计的透平机制造车间（图 5-1），是走向现代建筑的开始，也是在建筑设计上的一次重大创新。贝伦斯提出的主要论点是：建筑应当是真实的。他说："现代结构应当在建筑中表现出来，这样会产生前所未见的新形式。"这个透平机车间山墙面外形和它的大跨钢屋架完全一致，坦率地表现出结构形式，整个外立面除了钢窗和墙面外，摒弃了任何附加的装饰。它为探求新建筑起了一定的示范作用，在现代建筑史上是一座里程碑，所以这座建筑也被称之为第一座真正的"现代建筑"。

贝伦斯对后人的影响很大。今天西方所称道的第一代建筑大师，如格罗皮乌斯（1883～1969 年）、密斯·凡德罗（1886～1969 年）、勒·柯布西耶（1887～1965 年）都曾在贝伦斯的事务所工作过。他们从贝伦斯那里学到些什么呢？格罗皮乌斯体会了工业化在建筑中的深远意义，为他后来教学与开业奠定了基础；密斯则继承了贝伦斯的严谨简洁的设计规范；柯布西耶懂得了新艺术的科技根源。三个人的信徒再把这些信条广为传播，就出现了今天西方建筑设计思想上各引一端、崇其所善的五花八门局面。

继承并推进贝伦斯传统的是格罗皮乌斯，1911 年他设计的法古斯鞋楦厂，被西方称为第

图 5-1　柏林　德国通用电气公司透平机制造车间

图5-2 阿尔菲尔德市郊法古斯鞋楦厂

图5-3 科隆 德意志制造联盟展览会办公楼

一次世界大战前最先进的建筑，是首创的现代作品。鞋楦厂的造型简洁明快，一片轻灵，特别在外墙转角处，不用厚重墙墩而用玻璃，表现了现代建筑的特征，这是继贝伦斯1909年透平机车间之后在建筑设计上的一次重大改革（图5-2）。此外，格罗皮乌斯早在1910年就设想用预制构件解决经济住宅问题，可以说是对建筑工业化最早的探索。

1914年，德意志制造联盟在科隆举行展览会，除了展出工业产品之外，也把展览会建筑本身作为新工业产品展出。展览会中最引人注意的是格罗皮乌斯设计的展览会办公楼（图5-3），建筑物在构造上全部采用平屋顶，经过技术处理后，可以防水和上人，这在当时还是一种新的尝试。在造型上，除了底层入口附近采用一片砖墙外，其余部分全为玻璃窗，两侧的楼梯间也做成圆柱形的玻璃塔。这种结构构件的暴露，材料质感的对比，内外空间的流通等设计手法，都被后来的现代建筑所借鉴。

### 5.1.2 芝加哥学派

19世纪70年代，在美国兴起了芝加哥学派，它是现代建筑在美国的奠基者。南北战争以后，北部的芝加哥就取代了南部的圣路易斯城的位置，成为开发西部富源的前哨和东南航远与铁路的枢纽。随着城市人口的逐渐增加，对于兴建办公楼和大型公寓是有利可图的，特别是1871年的芝加哥大火，使得城市重建问题特别突出。为了在有限的市中心区内建造尽可能多的房屋，于是现代高层建筑便开始在芝加哥出现，"芝加哥学派"也就应运而生。

芝加哥学派最兴盛的时期是在1883年到1893年之间。它在工程技术上的重要贡献，是创造了高层金属框架结构和箱形基础。在建筑造型上趋向简洁与创造独特的风格，因此它很快地在市中心区占有统治地位，并接二连三地建造起来。

芝加哥学派中最有影响的建筑师之一是沙利文（1856～1924年），他早年在麻省理工学院学过建筑，1873年到芝加哥，曾在詹尼建筑事务所工作。后来去巴黎，再返回芝加哥开业。沙利文是一位非常重实际的人，在当时时代精神的影响下，他最先提出了"形式追随功能"的口号，为

功能主义的建筑设计思想开辟了道路。他的代表作
品是 1899～1904 年建造的芝加哥百货公司大厦（图
5-4），它的外立面采用了典型的"芝加哥窗"形式
的网格式处理手法。

芝加哥学派在 19 世纪建筑探新运动中起着一定
的进步作用。首先，它突出了功能在建筑设计中的
主要地位，明确了功能与形式的主从关系，力求摆
脱折中主义的羁绊，为现代建筑摸索了道路。其次，
它探讨了新技术在高层建筑中的应用，并取得了一
定的成就，因此使芝加哥成了高层建筑的故乡。第三，
是建筑艺术反映了新技术的特点，简洁的立面符合
于新时代工业化的精神。

**图 5-4　芝加哥　百货公司大楼**

### 5.1.3　现代建筑学派

现代建筑学派是在 20 世纪 20 年代逐渐兴起的，
它既反对折中主义，也不同于 20 世纪初欧洲"新艺
术运动"时期的某些新建筑流派。它的指导思想是要使当代建筑表现工
业化的精神。虽然现代建筑存在着不少流派，但其基本观点大致是：

第一，强调功能。提倡"形式追随功能"，设计房屋应自内而外，先
平面、剖面，然后设计立面，建筑造型自由且不对称，形式应取决于使
用功能的需要。

第二，注意应用新技术的成就，使建筑形式体现新材料、新结构、
新设备和工业化施工的特点。建筑外貌应成为新技术的反映，而不去掩饰。

第三，体现新的建筑审美观，建筑艺术趋向净化，摒弃折中主义的
繁琐装饰，建筑造型要成为几何体形的抽象组合，简洁、明亮、轻快便
是它的外部特征。勒·柯布西耶为达到上述效果，还提出了新建筑的五
点手法：立柱与底屋透空，平屋顶与屋顶花园，平面自由布置，外观自
由设计和水平带形窗。

第四，注意空间组合与结合周围环境。流动空间论，通用空间论，
有机建筑论和开敞布局等都是具体表现。

无疑，现代建筑的出现在历史上曾起过一定的进步作用。尤其是在
1919 年第一次世界大战以后，欧洲许多城市遭到战争的破坏而急需恢复，
以简朴、经济、实惠为特点的现代建筑能够较快地满足大规模房屋建设
的需要，不像传统建筑那样麻烦。其次是现代建筑能够适应于工业化的
生产，符合新时代的精神。同时，现代建筑的艺术造型体现了新的艺术观，
简洁抽象的构图给人以新颖的艺术感受。更有意义的是现代建筑注重使
用功能，用起来方便，居住舒适，比折中主义建筑只追求形式的设计方
法在当时显然是前进了一大步。

但是，现代建筑由于历史和认识的局限不可避免地还存在着某些片

面性。过分强调纯净，否定装饰，已到了极端的地步，致使建筑成为冷冰冰的机器，缺乏人的生活气息。所谓形式与功能的关系，往往总是相互依存，相互影响，在一定的情况下，功能是起主导作用，但并非绝对化。否则，势必限制了建筑艺术的创造性，使现代建筑都变成千篇一律的方盒子。至于艺术形式与建筑技术的关系问题值得慎重考虑，而且要适应于工业化生产的要求，这是无可非议的。但是完全脱离精神要求，忽视审美观点，一味屈从于工业生产的羁绊，显然会遭到愈来愈多的人的反感，于是不少建筑师逐渐冲破金科玉律，探求新的创作方向。

### 5.1.4　包豪斯学派

包豪斯是一所高等建筑学校的名称，由于它传播着新的建筑思想使它成了欧洲现代建筑学派的奠基者。

包豪斯的前身是国立魏玛建筑学校，1919年由格罗皮乌斯将原来的一所工艺学校和一所艺术学校合并，而成为这所培养新型设计人才的学校，简称为包豪斯。格罗皮乌斯担任了这所学校的校长。

在格罗皮乌斯的指导下，包豪斯贯彻了一套新的教学方针与方法，它的特点是：第一，在设计中强调自由创造，反对复古与因循守旧；第二，将建筑艺术与现代工业生产结合起来，使高质量的建筑艺术作品能够通过工厂进行成批生产；第三，提倡新建筑艺术和抽象艺术结合，吸收抽象艺术的构图原则，使建筑艺术形式走向简洁抽象的道路；第四，培养学生既有理论知识又能进行实际操作，鼓励学生能够自己动手；第五，提倡学校教育与生产实际相结合，使师生的工艺品设计能够投入生产，也培养学生进行实际建筑工程设计的训练，使学生能及时掌握社会生产的需要，适应建筑的时代精神。

在包豪斯的创办过程中，曾请了欧洲许多著名的现代建筑师与艺术家担任教师，使这所学校成了二十年代欧洲最激进的建筑与艺术学派的据点之一。它培养了一代新建筑师，他们不仅在欧洲为宣传现代建筑观点起了重大作用，而且还对美国产生了广泛的影响。

1925年，包豪斯学校从魏玛迁到德绍，格罗皮乌斯为这所学校设计了一所新校舍，同时把市内另外一所职业学校放在一起，连成了一个风车形的建筑体形。整座建筑面积近1万平方米，是一座不对称的由许多功能部分组成的新颖公共建筑，它成了包豪斯现代建筑学派的示范作品（图5-5）。包豪斯校舍有下列一些特点：

一是建筑设计从功能出发，自内而外地进行设计，把整个校舍按功能的不同分成几个部分，然后再确定它的位置和体型。工艺车间和教室需要充足的光线，就设计成框架结构和大片玻璃墙面，位置放在临街处，使其

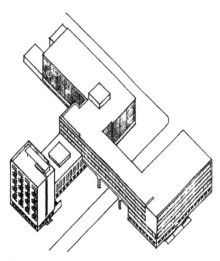

图5-5　德绍　包豪斯校舍

在外观上特别突出。学生宿舍则采用多层混合结构和一个个窗洞的建筑形式。食堂和礼堂则布置在教学楼和宿舍之间，联系比较方便。职业学校则布置在单独的一翼，它和包豪斯学校的入口相对而立，而且正好在进入校区通路的两边，使内外交通都很便利。

二是采用了不对称不规则的灵活布局，其平面体形基本呈风车形，使各部分大小、高低、形式和方向不同的建筑体形有机地组合成一个整体，它有多条轴线和不同的立面特色，因此，它是一个多方向、多体量、多轴线、多入口的建筑物。它给人的印象是错落对比，变化丰富的造型效果。

三是充分利用了现代建筑材料与结构的特点，使建筑艺术表现出现代技术的特点。尤其是包豪斯校舍应用平屋顶的构造方法，承重的屋顶与挑檐消失了，轻快的女儿墙使建筑物一返传统的印象，取得了新颖的艺术效果。整个造型异常简洁，它既表达了工业化的技术要求，也反映了抽象艺术的理论已在建筑艺术中得到了实践。它不仅取得了现代建筑的新面貌，而且可以降低造价，相对比较经济实惠。

包豪斯校舍确实是现代建筑史上的一座重要里程碑，也是现代建筑理论的具体体现。

包豪斯校舍建成之后受到了当时进步思想的好评，也受到了保守派的攻击，说它是俄国布尔什维克渗透的工具。20年代末，随着德国纳粹党的得势，包豪斯的教育观点不符合统治阶级民族主义的主张，受到了多方面的刁难。因而在1928年，格罗皮乌斯毅然离开包豪斯回到柏林开业，1934～1937年移居伦敦。1937年，格罗皮乌斯又转到美国哈佛大学任建筑系教授，1938～1952年任哈佛大学建筑系主任。1952年在哈佛退休。在美国期间他曾和一些青年建筑师合作，于1946年创立了名为"协和建筑师事务所"（TAC）的设计机构，从事集体创作。主要的作品有哈佛大学研究生中心（1949～1950年），纽约泛美航空公司大厦（1963年），波士顿的肯尼迪联邦办公楼（1966年），以及雅典的美国驻希腊大使馆（1957年）等。由于格罗皮乌斯在几十年的专业生涯中，对世界建筑的发展做出了重大贡献，使他成了20世纪上半叶世界上公认的四位现代建筑大师之一（图5-6）。

图5-6 格罗皮乌斯

### 5.1.5 现代建筑的新动向

近几十年来，与20世纪上半叶相比，西方建筑已有显著变化。1945年第二次世界大战后，由于工业生产的增长，科学技术的进步，以及伴随而来的经济不稳定引起了建筑界的动荡。一方面是建筑活动与建筑技术有突飞猛进的发展，建筑与科学技术紧密结合。在城市现代化发展过程中，城市规划与环境科学问题日益突出。另一方面则是建筑设计竞争加剧，建筑思潮比较混乱，艺术造型目无准则。特别是自1973年年底资本主义世界陷入战后最严重的经济危机以来，迄今尚未摆脱生产衰退和通货膨胀的困境。因此，由经济危机而造成的市场萧条进一步刺激了对建筑理论的探讨，形形色色的流派层出不穷。正如爱因斯坦所说："我们时代的特征是工具完善与目标混乱"，一语道破了这种窘境。

虽然西方建筑思潮在发展的巨浪中，不免会鱼龙混杂、泥沙俱下，但细细研讨，仍能总结一些经验教训，可资借鉴。

50年代初，现代建筑思潮盛极一时，大量建筑从适用出发，倾向于盒子式的简单外形和光墙大窗，常被称之为纯洁主义。原来二三十年代不少欧美建筑大师在建筑创作上所具有的鲜明个性特色，经过长期沿用和各地相互转抄，到后来已逐渐变成千篇一律的教条。尤其是战后这种僵化了的盒子式建筑，各处所见大同小异，缺乏艺术个性，使人感到枯燥单调，同时也使功能与技术的发展受到了局限。如此等等，不能不引起一部分建筑师的深思，建筑应向何处去？

值得注意的是，1956年现代建筑国际协会（CIAM）第十次会议在南斯拉夫的杜布罗夫尼克召开时，一群筹备会议的青年建筑师，如巴凯马、坎迪利斯等人曾公开对国际式提出挑战，他们宣称要"反对机械秩序的概念"，建设师的创作"要有个性、特征及明确的表达意图"，要注重建筑的"精神功能"，强调"今天新精神的存在"等，从而动摇了现代建筑的基本观点，以致造成CIAM内部新老两派意见的分歧。由于新派负责筹备该次会议，故有"十次小组"的称号。1959年第十一次会议在荷兰奥特洛召开，矛盾进一步激化，最后导致CIAM宣告解散。当然，并不是说，国际式盒子建筑在50年代以后由于反对思潮的出现就不在各地继续发展（尤其是在大量性建筑中），而应该看到的是对新建筑艺术方向的探讨在近几十年来确已成为一股强大的思潮。这股思潮有别于二十年代功能主义者主张的现代建筑观点，因此便形成了多元论的倾向，例如悉尼歌剧院，纽约环球航空公司候机楼，华盛顿美术馆东馆，巴黎蓬皮杜文化艺术中心等，都是个性特殊的例子。

## 5.2 玻璃盒子与流动空间

全部用钢和玻璃建造的建筑，虽然早在1833年建成的巴黎植物园温室和在1851年伦敦的水晶宫展览馆中就已出现，但是很长时期并未得到普及。真正大量全部用玻璃作外墙来建造房屋的思潮还是20世纪50年代以后的事。

20世纪中期世界上最著名的四位现代建筑大师之一的密斯·凡德罗，就是钢与玻璃建筑最积极的倡导者，为玻璃盒子建筑的广泛流行作出了重大的贡献，他曾被誉为"钢与玻璃建筑之王"。

密斯·凡德罗（1886～1969年，图5-7）原名路德维希，姓密斯，后来为了表示对母亲的敬仰，他在父姓之后又加上了母姓：凡德罗。现在一般都称他为密斯·凡德罗，或简称密斯。

密斯出生于德国，后入美国籍。他是一位个性非常鲜明的建筑师，也

图5-7 密斯·凡德罗

是一位卓越的建筑教育家。他平时沉默寡言，考虑问题富有远见，思维逻辑严谨，工作讲究实效。

二三十年代，密斯是倡导现代建筑的主将，皮包骨的建筑是他作品的明显特征，严谨而有秩序的思想使他坚持"少就是多"的建筑设计哲学。在处理手法上，他主张流动空间的新概念，这也正是区分旧传统的标志。密斯不仅擅长建筑设计，而且也是一名造诣很深的室内设计师，他设计的"巴塞罗那椅"（图5-8）至今仍享有盛名。密斯除了不断进行创作外，1930 ~ 1933年还曾任德国包豪斯学校的校长。1938年到美国后，又长期担任伊利诺理工学院建筑系主任的职务，他在包豪斯教育的基础上融合了芝加哥学派的传统，创立了密斯学派。

图 5-8 密斯设计的"巴塞罗那椅"

由于密斯作品的独特性格，以及在美国与世界各地有许多密斯的学生和追随着，他们崇拜密斯的原则，并在创作中发展了他的理论，以致在建筑界形成了密斯风格而载入史册。密斯风格的特点是力图创造非个性化的建筑作品，于是非个性化便成了密斯风格的个性。这种风格以讲究技术精美称著，大跨的一统空间和钢铁玻璃摩天楼就是密斯风格的具体体现。尤其是他从1921年开始对玻璃摩天楼进行探索，经过坚持不懈的努力，终于使光亮式的玻璃摩天楼在50年代以后成为当代世界最流行的一种风格。

### 5.2.1 划时代的两个玻璃摩天楼方案

1921年，德国柏林钟楼公司曾主持了一个高层办公楼的设计竞赛，地点准备放在柏林市中心区一块三角形的地段上，靠着腓特烈大街和斯帕烈河，边上还有一座巨大的铁路车站。设计竞赛的任务书要求建筑布置在规定的范围内，并且三边都要有专门的出入口，建筑物的高度建议不超过80米。整个建筑里包括有各种不同的功能（办公室、工作室和各种公共机构），要求各层平面要单独设计。底层平面还要包括一家咖啡馆，一家电影院，各种商店以及车库等。

在145份设计方案中，大多数都是中间有一座塔楼，侧面各翼低下，或者是做成从中间向外面呈阶梯状的建筑。但是其中有一份图的形状特殊，它应用了表现主义的手法，平面设计成三个锐角，外观是长而尖的大块体量，用炭笔画了一张大幅的透视图，图签上的署名为"蜂巢"。当时在评议中，马克思·伯格很赞扬这个方案，指出它"具有高度的简洁性，……开阔的思路，……它是对高层建筑方案富有想象力的一种尝试"。

"蜂巢"就是密斯的方案，虽然他的大胆创新受到赞扬，但却没有在设计竞赛中获奖。原因是密斯几乎不管设计竞赛中对功能与建筑布局要求的规定。他不服从规定要求各层平面都需按不同的功能来进行布置，因为他认为所有楼层平面应该是同样的。他设计了三个几乎对称的棱柱体塔楼都有通道与中间的公共圆形核心部分相连，在核心部分设有电梯、楼梯和卫生间。整个体形与环境很适应，和美国的摩天楼迥异。结构采用钢框架和悬臂楼梯的做法，外部全包以玻璃表皮。从三角形位置的每一边都可清楚地看到二个棱柱体的边，它们由深而直的凹槽分开，并且再由浅凹槽把每一个边分成两个面，而这两个面都微微向内倾斜。伯格评论说："平面没有完全符合建筑物多功能的要求。如果它只意味着是一座仓库，这也许可以解释房间为什么这样的理由。用玻璃做外墙，透进的阳光肯定是太多了。"

虽然伯格并不了解密斯为什么要这样做，而他的看法还是对的。可以有足够的理由设想当时德国的经济情况是不可能允许建造这样的建筑的，即使他的设计获得了竞赛的头等奖。密斯做出这个设计与其说是一个实际的建筑作品，还不如说是一个建筑宣言，是一种富有想象力的尝试。对于密斯以后的创作来说，没有一个比他这第一个现代设计方案更具有特征的了。

密斯的这个设计竞赛方案对后来建筑的发展有很深的影响，尤其是建筑立面造型的突然升起，以及建筑表皮的玻璃幕墙都在高层建筑设计中开创了先例。密斯应用玻璃幕墙的方法不仅是为了表示建筑物形式的简洁，而且是充分利用了这种材料的最大优越性，同时在这个方案中，通过立面的锐角和钝角的生动错综排列，使它可以获得反射的效果。腓特烈大街这个高层办公楼方案明显地受到了表现主义崇拜纯净思想的影响，同时也暗示了战后玻璃摩天楼实现的可能性。

1922年，密斯设想了一座新的玻璃摩天楼方案，它无业主，无特殊的功能要求，也无实际的地段，而且比腓特烈大街摩天楼方案更为大胆与抽象，是一座完全用玻璃外皮做成的自由平面塔楼。

此塔楼高30层，相对来说较为细长，平面表示在一不规则五边形的地段上，位于两条宽马路的交叉点处。密斯在这里布置的自由平面塔楼，是由三个曲线的平面体形所组成，每个都包含一个不同大小的门厅。三个曲线形平面中有一个在尽端采用了尖角和一边直线，其余全是曲线。这三个体形都用深凹槽互相分开，有两个入口通向巨大的前厅，在前厅的两端各有一个圆形的服务核心，其中包括电梯、楼梯与卫生间，旁边还有值班室。这座玻璃摩天楼因无特殊的功能要求，所有楼层平面都做成同样的大空间，只不过表示了框架柱的位置。

在这个方案中，柱子和几何形布置系统已由变形虫似的平面所取代，本身所有合理的规则都消失了。因此，不难看出密斯在这里并没有对实际的结构感兴趣，他首先想到的只是形式。虽然他的建筑模型很美，但很难付诸实践，因为各层楼板太薄，加之在空调系统尚未应用的条件下，不考虑通风措施，确实存在不少问题。

密斯倾心于玻璃美学的可能性，把发扬技术美信奉为他的建筑哲学，并以极大的热情来对待玻璃材料。他曾在《早上的光》这篇文章中，大力提倡玻璃外表的效果，他说："我尝试用实际的玻璃模型帮助我认识玻璃的重要性，那不在于光和影的效果，而在于丰富的反射作用。"

密斯后来参加了"十一月学社"的艺术团体，1922年这座玻璃摩天楼模型便首次在大柏林艺术展览会的"十一月学社"部分展出，受到了广泛的注意。

### 5.2.2 湖滨公寓

密斯第一次真正实现全玻璃外墙的高层建筑是1948～1951年兴建的芝加哥湖滨路860～880号公寓姐妹楼（图5-9），这是一对在20世纪具有深刻影响的高层建筑。它们的比例修长，26层高，平屋顶，玻璃墙面，成了新摩天楼的原型。即使在80年代中期，反对密斯和现代主义呼声日高的时候，在世界范围内还有相当一部分高层建筑仍然采用湖滨公寓的处理手法。

图5-9 芝加哥 湖滨公寓

在湖滨路的这块地段上，密斯布置了两座长方形平面的大楼，它们互相之间成曲尺形相连。每座公寓大楼的平面为3开间×5开间，每开间均为6.3米见方。大楼的结构由框架组成，其目的是尽可能明显地表现结构的特性。支柱和横梁组成了立面构图的基调，中间再由窗棂分隔，每开间有铝合金窗框四樘，都呈长方形。为了打破建筑表面的平淡，密斯在窗棂和支柱外面又焊接了工字型钢，以加强建筑物的垂直形象。底层的墙体退在支柱的后面，目的是为了形成一圈敞廊。湖滨路的这两座塔楼，平面呈长方形，布局紧凑，但在总体上却采用了风格派不对称的几何构图。860号楼短边朝东，880号楼短边朝北，它们之间用一层高的钢结构敞廊连接起来。

随着这两座公寓塔楼的完工，密斯积累了适应美国社会需要的建筑经验，这是在其原有建筑哲学基础上的进一步发展。他的愿望终于实现了，例如高层建筑的形式来自结构，将建筑还原到结构要素，以表达他充满时代精神的探索等。湖滨公寓体现了时代的技术精神，这种精神在他以后的十几年建筑生涯中不断地反映出来。

密斯在湖滨路公寓上继续精炼他的词汇，附加的工字钢不仅有加固窗棂的作用，而且还能取得美学的效果。但密斯自己说，他最初采用这种手法，是因为如果没有它，建筑物"看上去不直"，这明显地说明了他原来的目的是出于美观而不是结构。在他以后的许多建筑中不断地应用这一手法，实际上已经意味着将技术手段升华为建筑艺术的重要象征。

那些过分强调密斯是纯客观理性的功能主义者的人需要修正一下他们的错觉了。只要看一下湖滨公寓大楼——他把长条的工字钢不仅焊在窗棂上，而且也焊在柱子外面，这显然是不起结构作用的。因此，我们可以看到密斯"精神"的最根本要素是美观，是艺术而不是理性。

追溯 1921 年密斯最初设计的玻璃摩天楼到这时已近 30 年了，此后经过许多建筑师的努力探索，尤其是在纽约由哈里森和阿布拉莫维茨负责设计的联合国秘书处大楼（1947 ~ 1950 年），无疑都为湖滨公寓大楼开辟了道路。1947 年密斯在现代艺术博物馆的展览使他成为国际上讲求技术精美倾向的中心人物。

湖滨公寓建成后，曾在美国产生了很大的影响。在湖滨公寓中，形式的纯净与完善已经变成为最高法则，其他任何因素都得从属于它。密斯以不屈不挠的精神不允许每一构件有任何偏差，包括玻璃的六面都要精确无误，这样似乎可以给人们以一种深刻的印象：建筑艺术就是严格的训练，建筑艺术就是工业产品。同时，从湖滨公寓上也可看到一种有趣的共生现象，那就是建筑艺术创作与建筑工业化之间取得了谅解。建筑师不仅要解决使用功能问题，而且还要使建筑有相当的质量，这种质量就是人们通称的建筑艺术表现。如果有创造性的建筑师都知道怎样正确处理建筑工业化的问题，那么建筑技术与艺术的矛盾问题就可迎刃而解了。

1952 年 SOM 建筑事务所的邦沙夫特，对密斯的成就首次作出了实际的回响——设计了全玻璃的纽约利华大厦，表明湖滨公寓的处理手法同样也适用于办公楼。密斯设计的第一座高层办公楼——名声显赫的西格拉姆大厦还是在六年以后才建成的。但他利用那段时间进一步对高层建筑的变化和精炼作了努力。

### 5.2.3 流动空间与通用空间

密斯设计手法的明显特点是皮包骨的建筑和流动空间。其实，这二者是互为依存的。后者是前者的内核，而前者则为后者的形式。早在 1921 年密斯设计的玻璃摩天楼方案已经反映了这种联系，他对各层的平面布置几乎都以大空间灵活分隔作为处理的方法，这样便不致影响建筑的外表。最能表达密斯流动空间手法的作品要算是 1929 年建在巴塞罗那国际博览会的德国展览馆了。这座建筑一直被评论家与建筑师们誉为现代建筑的里程碑之一（图 5-10）。

1928 年密斯在接到设计巴塞罗那国际博览会德国馆的任务后，考虑到既要突出产品又要表现建筑，便把这个任务分为两座建筑来设计，一座是德国馆，另一座是电气馆。电气馆以布置德国的电气产品为主要目的，是一座实用性的展览建筑，没有特殊的个性，一般不为人所知。德国馆却是一座无明确用途的纯标志性建筑，主要为了反映德国的现代精神，同时他不受材料和经济的限制，这给密斯表现他的新建筑概念带来了非常有利的条件。

图 5-10 巴塞罗那博览会
德国馆

这座展览馆的平面是简单的，但空间处理却很复杂。空间内部互相穿插，内外互相流动。建筑物的主要构件是一些钢柱子和用几片大理石、几片玻璃做成的外墙隔断，这些外墙自由布置，不起承重作用。在这里，流动空间的概念得到了充分的体现。除了建筑本身的必要构件之外，仅有的装饰因素就是两个长方形的水池和一个少女雕像。它们都是这个建筑空间组合中不可缺少的因素。

这座建筑的美学效果除了在空间与体形上得到反映外，还着重依靠建筑材料本身的质地和颜色所造成的强烈对比来体现。全部地面用灰色的大理石，外墙面用绿色的大理石，主厅内部一片独立的隔墙还特别选用了色彩斑斓的条纹玛瑙石作材料。玻璃隔墙有灰色和绿色两种，它那明净含蓄的色调配以挺拔光亮的钢柱和丰富多彩的大理石墙面，确实显得高雅华贵，具有新时代的特色。

伊利诺理工学院克朗楼（图 5-11）是建筑与规划学院的所在地，它将通用空间与玻璃盒子外形结合为一个整体。克朗楼建于 1950 ~ 1956 年，是密斯在校园内的代表作。建筑基地为一长方形，面积 36.6 米 × 67 米，上层内部是一个没有柱子的大通间，四周除了几根钢结构支柱之外，全是玻璃外墙。里面可供 400 多名学生使用，包括有绘图房、图书室、展览室和办公室等，这些不同的部分都是用一人多高的活动木隔板来划分的，表现了通用空间的新概念，它是流动空间手法的发展。下面是半地下室，按照传统，用隔墙划分为一个个封闭的房间，其中包括有车间、教室、办公室、机电设备间、贮藏室和盥洗室等，在它们的外墙一面都开有高窗。建筑的主要入口设在南面，正对州街，入口前有悬空的平台板与踏步可供上下，北面设有次要入口。

通用空间是采用静止的一统空间的构思。同时，密斯在这座建筑上

还努力表现结构，使它升华为建筑艺术的新语言。在密斯对建筑物要求简洁的思想指导下，克朗楼的造型表现出与所有密斯作品共有的逻辑明晰性，以及细部与比例的完美。它不但在形态美学与规模方面凌驾于校园内已有的建筑物之上，它更采用了一种不同的形式，仅使用钢框架与玻璃组成建筑物外观。全部玻璃外墙都是固定的，下半截是磨砂玻璃窗，上半截为透明玻璃窗，里面有活动的百叶窗帘。所有外部钢框架与窗框都漆成煤黑色，它与透明的玻璃幕墙相配，显得十分清秀淡雅。由于建筑物所有的玻璃都是固定的，新鲜空气只得借助于地面层上的百叶透气扇进入室内。

克朗楼所采用的室内一统空间方式，除了体现密斯以不变应万变的理性主义思想以外，他还有一个想法，那就是把这座建筑变为现代意义上的中世纪手工作坊，里面容纳着老板、工人和徒弟，可以使他们在一起工作、劳动和学习。密斯认为在这里可以把现代世界的"混乱秩序"整理得井然有序，使教师和学生们可以得到精神上的温暖，至于使用上的不便就不太考虑了。

### 5.2.4　玻璃盒子住宅的风波

密斯对理想化建筑的过份追求有时产生与业主的严重冲突，最典型的事例表现在女医生范斯沃斯住宅的纠纷上。1953 年春，他告范斯沃斯和范斯沃斯告他一案，导致了法院开庭审理。业主与建筑师互不相让，于是产生了一场漫长的、耗费精力的官司。

关键的问题是在于到底是谁欠谁的账？这是两个个性极强的人之间力量和权力的冲撞。问题的产生和发展过程是非常富有戏剧性的。

1945 年，出身自芝加哥一个有名望家庭的范斯沃斯，在朋友家里认识了密斯。早年，她曾献身于小提琴，因而在意大利学习过一段时间，后来她又改变了主意，不摆弄乐器了。她从西北大学的医学院毕业后，在芝加哥开设了诊所，终于成为国内著名的肾脏病专家。她一直希望在她中年时期建造一座周末乡村别墅，她曾请教纽约现代艺术博物馆，要他们推荐一名建筑师。他们的推荐中有勒·柯布西耶，赖特和密斯，他选择了后者，也许因为密斯是三人中最容易接近的。

委托合约于1945年签订，1946年密斯设想的小住宅方案很快就已经形成，密斯把这所住宅看作是实现他理想的一次绝好机会。作为单身妇女的乡村别墅，它坐落在一块3.9万平方米的绿地上，南面是福克斯河，位置在芝加哥西面76千米处的普南诺地方。这样一个环境可以让建筑师为心所欲地设计。虽然密斯早就已经有了住宅的构想，但随后他就放松了。直到1947年现代艺术博物馆展出这一住宅的模型后两年，也就是1949年9月基础部分才正式动土，整个住宅直到1951年才竣工。

住宅的构思别具一格，它是一个全玻璃的方盒子，地板架空，从地面抬高约1.5米，这是为了预防洪水的泛滥。整个住宅由八根柱子支撑，每边四根，住宅两端向外悬挑。住宅平面大小为8.5米×23.5米，北面是平缓的草地，南面是树木茂盛的河岸，门廊设在住宅的西边，宽一个开间（图5—12）。

看来，与其说它是一座别墅，不如说它更像一座亭阁，它获得了美学上的价值，尽管没有满足居住的私密性要求。实际上，密斯所谓的技术精美，却与物质功能产生了许多矛盾。在严冬季节，由于供暖系统的不平衡，大片的玻璃面凝冻；夏天，尽管南面有郁葱的糖枫林遮荫，但强烈的阳光仍把室内变成烘箱，对流不起什么作用，窗帘也没有什么效果。密斯反对在门外再装纱门，直到他受到蚊虫叮咬的痛苦后才同意范斯沃斯的主张，在门廊的天花上装搭钩，挂上纱帘。

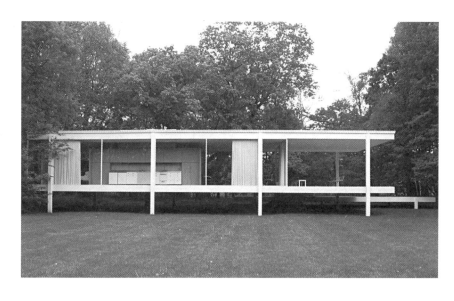

图5—12  范斯沃斯住宅

范斯沃斯住宅的纯净与精美是无可否认的，它与自然环境的结合也处理得极其协调。在住宅里可以从各个角度坐视外部景色的变化，它可以说是密斯具有浪漫主义意识的代表作，体现了密斯建筑的非物质化，并表达了固定的、超感官的秩序。

自范斯沃斯住宅建成以来的 40 多年中，它一直被广泛地认为是现代建筑的典范之一。同时，范斯沃斯住宅也标志着密斯后期设计的转折点——全神贯注于结构形式。的确，这所住宅是建筑史上一次难得的机遇，不论业主或委托业务本身，对建筑师均给予无限制的自由。范斯沃斯住宅这种在工字钢框架内设玻璃幕墙的处理，似乎已成为后来无数幕墙式建筑的预言。

范斯沃斯住宅内部需要设置服务核心，还不可能像克朗楼那样成为真正的一统空间，然而这所住宅的空间组织却具有另一番新颖效果。其开敞性似乎拥抱了整个周围环境，它虽有玻璃隔开，但那些树群与灌木丛则仿佛穿梭于室内外，使空间连成一体。基地的特点催生了这个抬高的构架，内容则促进了对建筑本质的还原。两者均促成了这独特的建筑与环境，使密斯能够获得那已成为与密斯两字同意的不朽的纯净性。同时，这种住宅也只能适用于周围有大片绿化土地的空旷地段，它的造型和自然环境相配，可以相得益彰。然而对于住宅的私密性来说却是考虑得太少了。由于这所住宅过于讲究细部处理，以致在建成后，女主人发现房屋的造价是 73872 美元，而不是预算的 40000 美元，使她大吃一惊。

现在我们可以来了解这座住宅最后怎样成为密斯和业主之间产生裂痕的契机了。住宅越接近完工，他就越关心他的理想是否转化为现实，而越不关心他与业主的关系。同时，造价也急骤上升，比原来预算 4 万美元增加 50%，密斯一点都不顾及到当时由于朝鲜战争而造成的通货膨胀，只管选用优质的材料和精美的施工方法。因而使业主越来越对密斯感到不满。尽管造价上的争吵与审美趣味的分歧也很严重，但还不致闹到感情上的破裂，关键的问题是在于范斯沃斯感到密斯对她的人格有了损伤。

1953 年春夏之交，在伊利诺伊州约克维尔镇的一个小法院里开庭审理双方的诉讼案，密斯告她欠了他为住宅垫付的 28173 元，而范斯沃斯却说密斯还要她为工程预算再多支付 33872 美元。再加上许多其他的问题，使得双方闹得不可开交。但是最后范斯沃斯败诉了，密斯获得了一笔 14000 美元的补偿费。在诉颂事件结束后，建筑杂志刊登了这场官司的评论。范斯沃斯曾难过地写道：

"精彩的评论用漂亮的词藻修饰，使头脑简单的人迫切地以一睹玻璃盒子为快。那玻璃盒子轻得像飘浮在空中或水中，被缚在柱子上，围成那神秘的空间……今天我所感到的陌生感有它的因头，在那葱郁的河边，再也见不到苍鹭，它们飞走了，到上游去寻找它们失去的天堂了。"

## 5.3　居住机器与粗野主义

把房屋做成像机器和雕塑一般，是 20 世纪 20 年代末和 30 年代在欧洲兴起的一种思潮。

世界著名现代建筑四大师之一的勒·柯布西耶，在早期就是居住机器理论的倡导者，后期则转变为强调雕塑个性与粗犷形式的浪漫主义者。

勒·柯布西耶（图 5-13）于 1887 年出生于瑞士制表工人的家庭，少年时曾在钟表技术学校学习过。后来于 1908 年到巴黎进入著名建筑师贝瑞的建筑事务所学习建筑，1909 年又转到柏林跟随德国著名建筑师贝伦斯工作。因为贝瑞以善于运用混凝土闻名，而贝伦斯则提倡建筑的时代性和建筑与工业技术的结合，因此，他在两位老师处受益颇深，体会到建筑艺术的发展必须紧密结合科技特点，才能有强大的生命力。这样，他从一步入建筑领域开始，就决定要走新建筑的道路，开创建筑的新时代。1917 年勒·柯布西耶移居巴黎，并在后来加入法国籍，现在一般人均把勒·柯布西耶称为法国建筑师。

图 5-13　勒·柯布西耶

### 5.3.1　《走向新建筑》

勒·柯布西耶在早期提倡新建筑运动，他曾于 1923 年写了一本小书，名为《走向新建筑》，内容主要是批判 19 世纪以来的复古主义与折中主义建筑思想，提倡功能主义观点，把居住建筑与机器相比。他给住宅下了一个新的定义，指出："房屋是居住的机器"。他说："如果我们头脑中清除所有关于房屋的固有概念，而用批判的、客观的观点来观察问题，人们就会得出住房机器的概念"。

柯布在书中极力歌颂现代工业成就。他说："当今出现了大量由新精神所孕育的产品，特别在生产中能遇到它"。他指出轮船、汽车、飞机、就是表现了新时代精神的产品。并认为"这些机器产品有自己的经过试验而确立的标准，它们不受习惯势力和旧式样的束缚，一切都建立在合理地分析问题的基础之上，因而是经济和有效的"。接着他说："建筑艺术被习惯势力所束缚"，"传统的建筑式样是虚假的"。在他的这种思想指导下，他极力鼓吹用工业化的方法建造大量性房屋，努力使建筑造价降低，并减少房屋的组成构件，让房屋进入工业制造的领域。

柯布在建筑艺术上追求机器美学，认为房屋的外部是内部的结果，平面必须自内而外的进行设计。并且认为可以用几何学来满足我们的眼睛，用数学来满足我们的理智，这样就能得到良好的艺术效果。他还在书中写道："建筑艺术超出实用的需要，建筑艺术是造型的东西"。"建筑师用形式的排列组合，实现了一个纯粹是他精神创造的程式"。从上述论点中，我们可以看到他既是理性主义者，又是一位浪漫主义者。在他的前期作品中，理性主义占主要地位；在他的晚期作品中，则表现出更多的浪漫主义倾向。

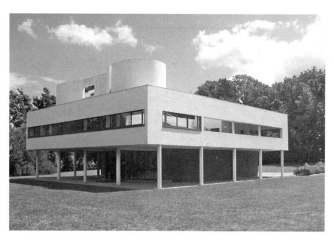

图 5-14　萨伏伊别墅

### 5.3.2　萨伏伊别墅

这座建筑是勒·柯布西耶应用居住机器和抽象雕塑理论的代表性作品之一。它建于 1928 ~ 1930 年，位于巴黎近郊的一块开阔地段。住宅平面约为 22.5 米 ×20 米的方块，全用钢筋混凝土结构。底层三面均用独立柱子围绕，中心部分有门厅、车库、楼梯和坡道等。二层为客厅、餐厅、厨房、卧室和小院子。三层为主人卧室和屋顶花园（图 5-14）。勒·柯布西耶在这里充分表现了机器美学观念和抽象艺术构图手法。他把住宅就当成是一个抽象雕塑进行处理，长方形的上部墙体支撑在下面细瘦的立柱上，虚实对比非常强烈，他提倡的新建筑五点手法也在这里得到了充分展示。虽然住宅的外部相当简洁，而内部空间却相当复杂，它如同一个简单的机器外壳中包含有复杂的机器内核。他的这种手法曾对后来的现代建筑发展产生了一定的影响。

### 5.3.3　马赛公寓大楼

它建于 1946 ~ 1952 年，是勒·柯布西耶的居住机器理论在战后的新发展。这座公寓大楼可容 337 户，共 1600 人左右。地点在法国马赛市。建筑物长 165 米，宽 24 米，高 56 米，地面以上高 17 层，其中 1 ~ 6 层和 9 ~ 17 层是居住层，户型很多，共有 23 种不同的大小。 建筑为钢筋混凝土结构。内部平面布置采用跃层式，这是他最早的创造性尝试，各户均有自己的小楼梯上下，而且客厅空间较高，通二层。每三层有一条公共走廊，减少了不少交通面积。大楼的 7 ~ 8 层为商店和服务设施用房。在第十七层和屋顶上设有幼儿园和托儿所，在屋顶上还设有儿童游戏场和小游泳池。此外，屋顶上还有供成人用的健身房和电影厅等。日常居民生活所需设施基本都能得到解决。大楼的外表是粗混凝土形式，不加粉刷，既有粗犷感觉，而且增加了坚实新颖的效果。在窗格的内侧面还涂有不同的鲜艳色彩，可以减少一些沉重的气氛，相对有一点活泼的感觉。这座建筑是最早的粗野主义作品之一（图 5-15）。

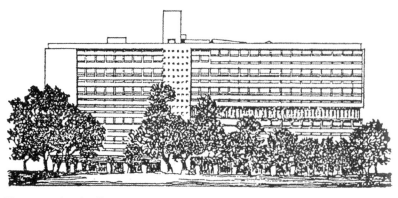

图 5-15　马赛公寓大楼

### 5.3.4 朗香教堂

它建于 1950 ~ 1953 年，地点在法国孚日山区的一座小山顶上，周围是河谷和丘陵山地。这是一座规模很小的天主教堂，但是它却是一座影响极大的建筑艺术杰作，它是勒·柯布西耶作品中的一颗明珠。

朗香教堂是勒·柯布西耶在战后转变为浪漫主义倾向的最有力的代表作品。教堂的平面很奇特，所有墙体几乎全是弯曲的，有一面还是斜的，表面是粗混凝土，墙面上开有大大小小的窗洞，这些可能是吸取了抽象雕塑艺术的构思。教堂的屋顶则相对比较突出，它是用钢筋混凝土板做成，端部向上弯曲，好像把船底放在墙体上。整个屋面自东向西倾斜，西头有一个伸出的混凝土管子，让雨水排出后落到地上的一个水池里。在建筑的最端部有一个高起的塔状半圆柱体，既使体形增加变化，又象征着传统教堂的钟塔。教堂造型的古怪形状，根据柯布的解释是有一定道理的，他认为这种造型象征着耳朵，以便让上帝可倾听到信徒的祈祷。这表明柯布在设计这座建筑时已应用了象征主义的手法，同时更表现了抽象雕塑的形式和粗野主义的性格（图 5-16、图 5-17）。

此外，在小教堂的屋顶与墙身之间留了一道水平缝隙，中间只用几根立柱支撑，于是便在内部屋顶下形成一圈光带，使沉重的屋顶好像飘在空中，更增加了一点宗教的神秘气氛。

朗香教堂不仅意味着勒·柯布西耶创作思想的转变，而且也标志着50 年代以后当代建筑走向多元化和强调精神表现的一种信号。

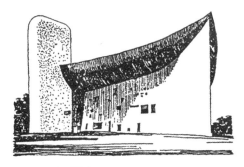

图 5-16 朗香教堂

图 5-17 朗香教堂平面

## 5.4 有机建筑与人情化

正当 20 世纪 20 ~ 30 年代欧洲在盛行现代建筑思潮之时，在大洋彼岸的美国却有另一位伟大的建筑师在我行我素地执著追求自己的建筑理想，他就是世界上四位现代建筑大师中年纪最大的一位——弗兰克·劳·赖特（1867 ~ 1959 年，图 5-18）。他自幼生长在美国威斯康星州麦迪逊市的一个乡村。后来他曾在大学读过土木和建筑，1888 年，他在芝加哥进入了沙利文与爱得勒的建筑事务所工作，1894 年他在芝加哥独立开

图5—18 弗兰克·劳·赖特

业，发展着美国土生土长的新建筑。他在美国中西部地方建筑自由布局的基础上，融合了浪漫主义精神而创造了富于田园诗意的"草原式住宅"，接着他便在居住建筑的设计方面取得了一系列的成就。后来他提倡的"有机建筑"，便是这一概念的发展。

赖特既是一位杰出的建筑师，也是一位做法特殊的教师。1911年他在威斯康星州斯普林格林的地方建造了一处居住和工作的场所，取名叫"塔里埃森"（Taliesin）。1938年起，他又在亚利桑那州斯科茨代尔附近的沙漠上修建了一处冬季使用的分部，称为"西塔里埃森"（Taliesin West）。赖特曾以私塾的形式，指导着世界各地前来的学生和追随者。学生和他住在一起，一边学习，一边为他工作，其中包括做设计图和具体的建筑工程施工。

### 5.4.1　草原式住宅

草原式住宅最早出现在20世纪初期。它的特点是在造型上力求新颖，摆脱折中主义的常套；在布局上与大自然结合，使建筑物与周围环境融为一个整体。"草原"就是表示他的住宅设计与美国西部一望无际的大草原结合之意。

在芝加哥的郊区有大片的森林，那里是中等资产阶级建造别墅的理想地带，草原式住宅就是为了适应这一环境而创作的。这种住宅的平面布置常作成十字形，以壁炉为中心，把起居室、书房、餐室都围绕着壁炉布置，卧室常放在楼上。室内空间尽量做到既分隔又连成一片，并根据不同的需要有着不同的净高。起居室的窗户一般都比较宽敞，以保持与自然界的密切联系。但是在强调水平体形的基础上，层高一般较低，出檐很大，室内光线是比较暗淡的。建筑物的外形充分反映了内部空间的关系，体积构图的基本形式是，高低不同的墙垣、坡度平缓的屋面、深远的挑檐和层层叠叠的水平阳台所组成的水平线条，并以垂直的大火炉烟囱统一起来，打破了单纯水平线的单调感。住宅的外墙多用白色粉刷和米黄色粉刷，间或局部暴露砖石质感，它和深色的木门木窗形成强烈的对比。在内部也尽量表现材料的自然本色与结构的特征。由于它以砖木结构为主，所用的木屋架有时就被作为一种室内装饰暴露在外。草原式住宅的内外设计都与大自然很调和，比较典型的例子如1902年赖特在芝加哥郊区设计的威利茨住宅（图5—19）；

图5—19 芝加哥郊外　威利茨住宅

1907 年在伊利诺伊州河谷森林区设计的罗伯茨住宅；以及 1908 年在芝加哥设计的罗比住宅等。

### 5.4.2 有机建筑论

"有机建筑"是赖特倡导的一种建筑理论。根据他的解释，内涵很多，意思也很复杂，但是总的精神还是清楚的。

首先，他认为有机建筑是一种由内而外的建筑，它的目标是整体性。意思是说局部要服从整体，整体又要照顾局部，在创作中必须考虑特定环境中的建筑性格。

其次是认为建筑必须与自然环境有机结合，因此，他说有机建筑就是"自然的建筑"。他设计的建筑往往就好像是自然的一部分，或者像植物一样是从大自然中长出来的。这样，建筑物不仅不会破坏自然环境，相反，它应该为自然添色，应该为环境增美。

第三是他的建筑在结构与材料上都力求表达自然的本色，充分利用材料的质感，以求达到技术美与自然美的融合，并表达了浪漫主义的建筑艺术观。

### 5.4.3 流水别墅

赖特表现有机建筑论的典型例子就是他作的流水别墅（图 5-20）。流水别墅原名考夫曼别墅，房屋主人是美国匹茨堡市百货公司的老板，他在 1936 年请赖特为他设计的这所别墅可谓是一首被广为颂扬的建筑诗篇。该建筑构思巧妙，造型奇特，房屋与自然环境互相融合，不论远观近赏，都令人心旷神怡。

图 5-20 匹兹堡市郊 流水别墅

流水别墅位于宾夕法尼亚匹茨堡市郊区——是一块地形起伏的丘陵山地，那里林木繁茂，风景优美，加上还有一条溪水从岩石上流下，形成跌落式瀑布，景色十分迷人，赖特就把别墅建造在这小瀑布的上方，使山溪从它的底下缓缓流去。

别墅造型高低错落，最高处有三层，整个建筑是用一高起的长条形石砌烟囱把建筑物的各部分统一起来，也因此和周围环境取得了有机的结合。建筑的主要构件均采用钢筋混凝土结构，各层均设计有悬挑的大平台，纵横交错，就像一层层的大托盘，架在柱墩和石墙上。由于利用了现代钢筋混凝土的结构技术，挑台可以悬挑很远，因此，在外观上形成一层层深远的水平线条，多少还蕴含着早期草原式住宅的遗风。建筑物的内部布置十分自由，它完全因地制宜安排所有房间的大小和空间的形状，外墙有实有虚，一部分是粗犷的石墙，一部分则是大片玻璃落地窗，使空间内外穿插，融为一体。

流水别墅与周围自然环境的有机结合是它最成功的手法之一。建筑物凌跨在溪流之上，层层交错的挑台强调了开放疏松的布局，反映了与地形、山石、流水、林木的自然结合，使人工的建筑艺术与自然景色互相对照，互相渗透，相得益彰，起了画龙点睛的作用。在建筑外形上的明显特征是一道道横墙和几条竖向的石墙，组成横竖交错的构图。尤其是石墙粗犷而深沉的色调，和一道道光洁明快的灰白色钢筋混凝土水平挑台形成强烈的对比，再加上挑台下深深的阴影，更使体形丰富而生动。流水别墅是赖特的成名之作，也是有机建筑理论的示范作品，这一作品是在特殊条件下创作的。

赖特在小住宅的设计方面颇有成就，类似流水别墅的其他住宅的设计也都具有自己的特色，例如他于1911～1925年在塔里埃森为自己设计的住宅，1937年和1948年在麦迪逊为雅各布斯设计的两座住宅，以及1938年赖特在西塔里埃森为自己设计的工作室，都是有机建筑理论的反映，这些建筑都充分表现了赖特独有的建筑艺术特色，它既是诗，也是画，更可以说是一座自然界生长出的雕刻艺术。

美国著名建筑历史学家斯卡利在评论中曾说到，"赖特的一生就是致力于使人类生活具有旋律感的诗意，他的建筑艺术正是这诗意的具体体现"。因此，人们常称赖特是一位浪漫主义的建筑师。赖特自己也说过："浪漫是不朽的。机器时代的工业缺乏浪漫就只能是机器，……"。"浪漫"是赖特的有机建筑语言，他对浪漫的解释就是：想象力、自由形式、诗意。他分析说："在有机建筑领域内，人的想象力可以使粗糙的结构语言变为相应的高尚的表达形式，而不是去设计毫无生气的立面和炫耀结构的骨架。形式的诗意对于伟大的建筑就像绿叶与树木、花朵与植物、肌肉与骨骼一样不可缺少"。"让我们把创造性的想象力称为人类的光华，从而与一般的智力问题有所区别，它在创造性的艺术家中是最强烈的最敏感的品质，一切已形成的个性都有这种品质。"如果使这种想象力实现，建筑创作就能富有诗意，因为任何被称赞为美的艺术总是富有诗意的。

### 5.4.4　古根海姆美术馆

　　赖特也设计过一些公共性建筑，这些公共建筑也都别具一格，充分表现了他的想象力和创作的诗意，著名的古根海姆美术馆就是其中比较有代表性的一座。在 20 世纪 40 年代初，古根海姆先生为收藏大量现代艺术品而聘请赖特为他在纽约设计这座博物馆。但是，当他最初见到赖特的构思草图时曾大吃一惊，螺旋形的美术馆使他不安而坚持要赖特更改设计，这使赖特在实现自己理想的道路上遇到了障碍，因此他为之花费了 16 年的努力，终于到 1959 年才使原来的方案得以实现。

　　古根海姆美术馆的设计很奇特，内部是一个螺旋形的空间走道不断盘旋而上，顶部中央是一个大玻璃穹窿顶。外部造型直接表现了内部空间的特征，立面上也是应用圆形和螺旋形的构图，窗子做成细细的一长条，嵌在螺旋线的下方，使人不注意它的存在。这样就可达到内外隔绝，避免都市嘈杂的环境，使内部形成一个独立的世外桃源。参观者进门后可以先乘电梯至展览顶层，然后沿螺旋坡道逐渐向下，直至参观完毕，又可回到底层大厅，这一奇特的构思也曾对后来某些展览馆的设计有过一定的影响。赖特在这一设计中所采用的圆与方的空间组合，以及螺旋形与中央贯通空间的结合，能给人一种动态感，这是赖特发挥他所追求的连续性空间理论的具体体现，也是他利用钢筋混凝土材料的可塑性进行自由创作的最大胆的尝试（图 5-21）。

图 5-21　纽约　古根海姆美术馆

### 5.4.5　建筑的民族化和人情化

　　在北欧现代建筑的发展过程中，由于根深蒂固的传统文化和特殊的地理环境影响，因此带有明显的地方特色，它不仅使现代建筑的理性内涵融合了浪漫主义的精神，而且也为现代建筑的地域化做出了创造性的贡献。其中最有代表性的就是著名芬兰建筑大师阿尔瓦·阿尔托，他提倡的"建筑的民族化和人情化"，至今仍在世界上具有广泛的影响。

　　阿尔托（1898 ～ 1976 年，图 5-22）出生于芬兰的库尔坦纳，他一生所创作的建筑都表现了独到的见解，丰富的构思，灵活的手法，以致形成他那特有的诗一般的建筑风格。根据他建筑思想的发展和作品的特点，大致可以把他的创作历程分为三个阶段：第一阶段从 1923 年到 1944 年，是他创作的初期阶段，也称之为"第一白色时期"。在这个时期的创作基本上是发展欧洲的现代建筑，并结合芬兰的特点。作品外形简洁，多呈白色，有时在阳台栏板上涂有强烈的色彩；或者建筑外部利

图 5-22　阿尔瓦·阿尔托

图 5-23　珊纳特塞罗市政中心

用当地特产的木材饰面，内部采用自由设计。如帕米欧结核病疗养院、马利亚别墅。第二阶段从 1945 年到 1953 年，是他创作的中期或成熟时期，也称之为"红色时期"或"塞尚时期"（塞尚是 19 世纪后半期法国著名的印象派画家）。这时期中他常喜欢利用自然材料与精细的人工构件相对比，建筑外部经常用红砖砌筑，造型自由弯曲，变化多端，且善于利用地形和自然绿化。室内强调光影效果，形成抽象视感。如珊纳特赛罗市政中心（图 5-23）、麻省理工学院学生宿舍"贝克大楼"。第三个阶段从 1953 年到 1976 年，是他创作的晚期，也被称之为"第二白色时期"。这时期又再次回到白色的纯洁境界，建筑作品空间变化莫测，进一步表现流动感，外形构图既有功能因素，更强调艺术效果，如伏克塞涅斯卡教堂。

### 5.4.6　帕米欧结核病疗养院

芬兰帕米欧结核病疗养院（1929 ~ 1933 年，图 5-24）是阿尔托的成名之作。该建筑位于离城不远的一个小乡村，1928 年他在设计竞赛中获头奖，表现了现代建筑功能合理、技术先进与造型活泼的设计手法，是他在第一白色创作时期的代表性作品之一。疗养院的环境幽美、周围全是绿化。平面大体可以分为一长条和二短条，中间用服务部分相串联。整个疗养院建筑顺着地势高低起伏自由舒展地铺开，和环境结合得非常妥贴。主楼的外部以白色墙面衬托着大片的玻璃窗，最底层用黑色石块砌筑，在侧面的各层阳台上还点缀有玫瑰红的栏板，色彩鲜明清新，掩映于绿树丛中，颇能使人心旷神怡。病房内部的墙面与窗帘均采

图 5-24　帕米欧结核病疗养院

用悦目的色调，以增加病人的愉快心情。建筑的结构用钢筋混凝土框架，外形如实地反映了它的结构逻辑性。在日光室部分则以六根扁柱作为主要支撑，楼板四面悬挑，外墙不承重，这种大胆尝试丝毫不逊色于 50 年代以后玻璃幕墙手法。帕米欧疗养院以其亲切、明快、自由、活泼的艺术造型，变成了现代建筑在 30 年代出现于芬兰的一朵奇葩，它的香馥万里，声誉长传。

### 5.4.7 玛利亚别墅

为古利申夫妇设计的玛利亚别墅建于 1939 年，是阿尔托的得意之作，它位于芬兰的努玛库城（图 5-25）。整座建筑处理得自由灵活，空间的连续性富有舒适感。住宅的平面大体呈曲尺形，后面单独设有一个蒸汽浴室和游泳池。周围是一片茂密的树林。对着住宅入口的是餐厅，左边进入起居室，右边通卧室。从门厅到起居室，没有设门，用几步踏步划分，导致了空间的延伸。在起居室内，他把空间分为有机的两部分，一半作为会客，另一半可以安静的休息或弹琴。有趣的是这两部分并没有什么分隔，也没有地坪的高差，只是用不同的地面材料区分。对于结构承重的柱子，不论内外，均加以修饰处理，形成不同视感。建筑的外表仍采用直条木材饰面，富有浓厚地方色彩。在起居室的一角开有边门可进入花园，上面有意布置成曲线雨棚和房间，使造型生动活泼，以和内部流动空间相协调。阿尔托在玛利亚别墅的设计中是煞费苦心的，从建筑设计到室内装修、家具、灯具都考虑得很周到，做得很舒适，金属柱子的下半段缠着藤条，不致显得太冷，楼梯扶手的旁边布置有藤萝攀缘，这些都增加了回归自然的意境。阿尔托在这里所采用的空间手法，室内外绿化处理，装修、家具的细致推敲等等，都被后来人所借鉴。

图 5-25 努玛库 玛利亚别墅

### 5.4.8 贝克大楼

美国马萨诸塞州波士顿市的麻省理工学院学生宿舍"贝克大楼"（1947～1948 年，图 5-26）是阿尔托在"红色时期"的著名作品之一。整座建筑平面呈波浪形，为的是在有限的地段里使每个房间都能看到查尔斯河的景色，这种手法的思路是和他早期作品一脉相承的。七层大楼的外表全部用红砖砌筑，背面粗犷的折线轮廓和正面流利的曲线形成强

图5-26  波士顿  麻省理工学院学生宿舍〝贝克大楼〞

烈对比,使人感到变化莫测。波浪形外观所造成的动态,多少减轻了庞大建筑体积的沉重感。贝克大楼再次显示了阿尔托设计的自由思想、独特风格和多种变异手法。

### 5.4.9  伏克塞涅斯卡教堂

位于芬兰伊马特拉城郊区的伏克塞涅斯卡教堂(1956～1958年,图5-27)是阿尔托在"第一白色时期"的著名作品之一,反映了他晚期的建筑特点。教堂的大厅能容1000人,平时根据需要可用自动化隔墙分为三个独立部分。空间处理极为复杂,从平面、外形到内部空间,所形成的各种曲线和折线的轮廓,让人感到变化莫测,既神秘而又稳重。加上入口旁边的一座高矗钟塔,不仅在构图上打破了水平线条的单调,起着强烈的对比作用,而且它象征着接近天国。教堂的外墙全部刷成白色,使圣洁之地更加纯净安详。伏克塞涅斯卡教堂已升华到雕塑艺术的领域中去了,并饱含诗意,它的隐喻意境只有勒·柯布西耶的朗香教堂可以和它相比。

阿尔托对建筑人情化的探求是由来已久的。他本人的性格就温纯寡言,坚韧豪放。作为一位建筑师,他的宗旨就是要为人们谋取舒适的环境,不论是民用建筑还是工业建筑,都不放弃这一人道主义原则。他认为工业化与标准化都必须为人的生活服务,必须要适应人们的精神要求。阿尔托曾经说过:"标准化并不是意味着所有的房屋都一模一样。标准化主要是作为一种生产灵活体系的手段,用它来适应各种家庭对不同房屋的要求,并能适应不同地形的位置,不同的朝向,景色等等"。1940年阿尔托在美国麻省理工学院讲学时,曾重点阐述过建筑人情化的观点。他说:"现代建筑在过去的一个阶段中,错误不在于理性化本身,而在于理性化的不够深入。现代建筑的最新课题是使理性化的方法突破技术范畴而进入人情和心理的领域。……目前的建筑情况，无疑是新的，它以解决人情和心理的问题为目标"。阿尔托对建筑人情化的表达方式是全面的，从总体环境的考虑，单体建筑的设计，一直到细部装修家具，都考虑到人的舒适感，它包括了物质的享受和美学的要求。

综上所述，可以看出阿尔托补充了 1920～1930 年代欧洲现代建筑唯理派的不足，使建筑创作体现了人道主义、富有情趣的艺术素养。他的作品巧妙地解决了功能、技术和造型的矛盾，手法是有机的，艺术风格具有十分动人的魅力："富有隐喻，不可预测，神秘和豪放结合，理性和反理性并存"。他是一位浪漫主义与现实主义结合的建筑诗人，在他的后期也不可避免地走向追求形式主义的道路，重复的波浪曲线已使人发腻。不过，他毕竟是一位对世界建筑作出丰富贡献的大师，一直关心着人类的需要，肩负着民族的期望，最懂得抓住优秀传统的精神，集中前人的智慧，但是他却不留恋过去，而是在原有基础上不断创造和发展。总而言之，阿尔托是一位不受约束的人，他的建筑哲学与手法在世界上有着广泛的影响。

图 5-27 伊马特拉城郊伏克赛涅斯卡教堂

# 第6章 当代建筑正在向何处去

当前，新技术革命的浪潮正冲击着整个世界，新兴科学技术的应用已导致生产力的迅猛发展。生产的发展、经济的上升，又促使了科学技术的革命。这种互相反馈，互相促进，周而复始螺旋上升的现象已在加速进行。

建筑领域毫无例外地也在变革，它不以人们意志为转移地朝着一个崭新的方向前进。作为工业化生产与科学技术先进的西方国家，这种变革自然首先出现，因此，认识这种建筑变革的规律，分析变革的趋势，对于预测未来建筑的前景，促进我们考虑城市建设的战略规划是有积极意义的。

## 6.1 20 世纪末的建筑革命

20 世纪 60 年代以前，世界工业化的形势蓬勃发展，形成了包括大约有 14 个国家，约有 10 亿人口的一个工业化带，虽然这些国家之间存在着许多差别，有不同的社会背景及意识形态，但它们之间却有着一些共同之处，那就是都强调标准化、同步化、集中化和大型化。这些原则在建筑领域中的表现也是十分明显的。

标准化的特点反映为大量性建筑的标准设计，构配件的标准设计，门窗的定型设计，设备的定型产品，结构和施工的定型模式等等。甚至在当时的社会条件下，建筑理论也都一致趋向于现代主义。

同步化的特点则在大型建筑公司与建筑师事务所中可以清楚地看到，由于工程的复杂性，他们必须共同工作，互相配合，随时交换意见，改进工作。在施工单位，为了高效率地取得成果，他们必须制定施工组织计划，安排流水作业，同步前进。

集中化的特点在大城市中反映最为明显，分散的住宅有许多已逐渐改建为大型公寓和集中的街坊。为了适应城市人口的集中，在建筑组合时也尽可能把多种功能集中在一起，于是集中的超级市场与商业中心，以及各种集中的文娱、体育类建筑都得到了发展。

大型化的特点则表现为工厂要求越大越好，便于缩短流水线和便于管理，高层建筑越来越高，百层建筑已不稀奇，大空间建筑的跨度也越来越大，这些都是社会需要与技术进步结合的产物。

虽然工业化还在推进，世界上许多国家还在搞工业化，但在所有工业化国家中几乎都出现了危机，对于自己的前景发生忧虑。于是，就在这种危机时刻，世界上新技术革命的号角吹响了，它给人们造成了新的价值观与对世界建筑发展规律的新认识。

70 年代以后进入了信息社会，由于新技术革命的出现，使世界的工业生产体系发生了重大的变化，在建筑领域中则趋向人情化、多样化、分散化、个性化，这种新的趋势已对世界建筑的发展产生了革命性的影响。

### 6.1.1 人情化

首先，在世界上旧城市与旧街坊的改造日益受到重视。由于城市居民长期生活在一定的环境中，他们对传统的建筑有深厚的思想感情，但又不满足于现有的设施。因此，保留原有的建筑外观而改造建筑内部环境，以适应现代化生活的要求，已成为当代的趋向。例如，芝加哥市中心区所留下的 19 世纪后期建筑的内部，大都已经过改造。波士顿的一座教堂甚至只保留正立面，而将其余部分全部拆除重建。这种现象在欧洲更为普遍，悠久的历史文化使人们对自己的故乡城镇情深意长，对旧城的改造与新区的开辟是十分慎重的。这反映了先进技术与高度人情的结合，反映了精神功能在建筑中的重要作用。

其次，各个国家各个地区都趋向不同的建筑特点，这是因为各个国家的气候、环境、历史、文化、生活习惯各有不同，自然对建筑也会提出不同的要求。尽管美国、英国、日本都是工业化发达的国家，但是他们对新建筑的创作都在探讨自己的特点、自己的传统，甚至又再次兴起了某种复古思潮。千篇一律的国际式风格早已为人们所唾弃。群众与社会机构参加设计的呼声也日益增高，因为建筑的真正主人是使用者，建筑师与业主必须听取群众的意见，必须接受环境学家与社会学家对环境效益、社会效益的监督。高科技与高情感的结合已是时代的需要。

### 6.1.2 多样化

这一趋势表现为建筑类型、建筑形式与建筑结构正朝着多样化、不定型化的方向发展。因为工业化的发达、生产的集中，大批量的定型产品已不能满足人们日益增长的不同要求，于是建筑作为一种物质与艺术结合的产品正趋向多批量、一次建造量少、多样化的方式。我们已经可以看到，当今西方许多国家的新城或新区，几乎每幢建筑都不相同。城市中心里新建的高层建筑与公共建筑更是标新立异，充分发挥建筑师的创作才能。

服务性建筑的多样化与专业化商店的日益增加已成为大势所趋。由于在工业化发达的国家中，消费方式已经发生变化，人们购买物品已不必经常去百货公司或超级市场选购，他们可以定时购买，或采取电话送货、邮购到家的办法；人们外出旅游或者远至海外，可以直接到各种旅行服务社委托代办一切手续，甚至一切家庭事务都可委托代办。因此，随着当前服务性行业的发展，必然导致各种服务性建筑的增加。同时，由于人们需要购买不同的物品，也就促使各种专业化商店的发展。建筑的多样化势在必行。

### 6.1.3　分散化

分散化的特点表现为城市人口趋向分散到小城镇与郊区，原有大城市趋向地下发展。随着西方国家工业化的高度发展，人口城市化已非常突出。在 20 世纪末，世界人口已超过 60 亿，其中城市人口估计约占50%。由于许多大城市人口过于集中，环境日益恶化，已有不少企业与居民逐渐向郊区与小城镇迁移，希望回到自然中去，这种现象在美国东部较为明显。例如，纽约城市人口近年来已有下降趋势，这是和私人汽车发达相联系的。同时，为了改善原有大城市的环境，又不使城市发展无限制扩大，有的大城市已开始发展地下街或地下城，这种情况以东京较为典型。

与此同时，村庄将逐渐消失，新的小城镇正在大量出现。由于西方国家工业化的结果，农业人口渐渐减少，现在美国农业人口只不过占全国人口总数的 5%，却能生产超过本国需要的农产品。在那里，农场基本上已取代了传统的田野；分散的农场主的单独住宅已取代了集中的村庄。原有农村中的多余劳动力和大城市中的部分居民正重新在新旧小城镇中组合，他们既可以到大城市上班，也可以为农场服务，或者就在本地新建立的企事业单位工作。这种趋势已在向其他先进国家发展。

### 6.1.4　个性化

个性化的趋势明显地反映为不同城市的城市法规和建筑法规可以不同，完全根据当地的环境与具体条件而定，这也反映了建筑管理制度上的弹性，它和地方法律的弹性一脉相承。因此，城市规划与建筑设计的灵活性就增大了。

在住宅设计方面，都希望有自己的特色，并且大部分倾向于半永久性，同时，自己设计自己建造的商品住宅得到了发展。因为社会生产高度工业化与自动化以后，建造自己的独院式住宅已不像以前那样困难了。现在西方许多国家已开设有专门经售建筑工具、建筑材料、建筑构配件、建筑半成品和建筑设备等等的大型商场，可以供顾客选购并负责运送到指定地点。顾客只需要临时请几个人帮忙，就可以在短短的一二天内把这些轻便的构配件安装完毕。同时，由于全民文化水平的提高，对于自己选择住宅形式与调整布局已不是很大的问题了。另外，汽车拖车住宅已在一部分人中间流行，比较大型的可以停靠在固定的拖车住宅区内，作为低薪阶层居民的住所，为经常迁居他地谋生提供方便。比较小型的可以用作旅游时的住房。

从住宅的开发角度看，一般倾向面积大，户型多，以适应各种家庭的需要。随着社会结构的变化，家庭结构的类型也多种多样，对住宅的需求也各有不同，特别是由于信息化的发展，许多人的工作地点已可以从办公室、实验室或工厂转移到住宅内，这样就对住宅面积的要求比以前加大了，布局也要多样化了。

## 6.2　高层建筑的奇迹

在历史上，世界各地虽曾出现过 100 米以上的高塔，但都只不过是作为装饰和标志的产物。真正实用性高层建筑的出现是随着近代电梯的发明而诞生的。

为什么在近现代会出现如此众多的高层建筑呢？这是有它内在原因的。首先，是由于近现代城市人口高度集中，市区用地紧张，地价高昂，迫使建筑不得不向高空发展；其次，是高层建筑占地面积小，在既定的地段内能最大限度地增加建筑面积，扩大市区空地，有利城市绿化、改善环境卫生；第三，由于城市用地紧凑，可使道路、管线设施相对集中，节省市政投资费用；第四，在设备完善的情况下，垂直交通比水平交通方便；第五，在建筑群布局上，点面结合，可以丰富城市艺术面貌；第六，在某些国家，大资产财团为了显示自己的实力与取得广告效果，彼此竞相建造高楼，也是一个重要因素。

图 6-1　纽约　渥尔华斯大厦

### 6.2.1　高层建筑的发展过程

自从 1853 年奥蒂斯在美国发明了安全载客的升降机以后，高层建筑的实现才有了可能。此后，高层建筑的发展大致可以分为两个阶段：

第一个阶段是从 19 世纪中叶到 20 世纪中叶，随着电梯系统的发明与新材料新技术的应用，城市高层建筑不断出现。1911 ~ 1913 年在纽约建造的渥尔华斯大厦（图 6-1），高度已达到 52 层，241 米。在落成典礼时，有记者报道说，仰望渥尔华斯大厦高耸的塔楼，犹如插入云霄，真可谓是"摩天大楼"！此后，摩天楼一词便广为流传，以形容高层建筑的高矗壮观。1931 年在纽约建造了号称 102 层的帝国大厦（图 6-2），高 381 米，在 20 世纪 70 年代前一直保持着世界最高的纪录。

第二个阶段是在 20 世纪中叶以后，随

图 6-2　纽约　帝国大厦

图6-3 纽约 联合国秘书处大厦

着世界经济的繁荣,以及发展了一系列新的结构体系,使高层建筑的建造又出现了新的高潮,并且在世界范围内逐步开始普及,从欧美到亚洲、非洲、大洋洲都有所发展。总的来看,最近30年来,高层建筑发展的特点是:高度不断增加,数量不断增多,造型日益新颖,特别是办公楼、旅馆等公共建筑尤为显著。

高层建筑的造型在早期一般都是采用塔式的形体,既符合结构受力的特性,又有某些传统形式的涵意。到了50年代以后,高层建筑在建造塔式形体的同时又发展了"板式"的新风格,这样比较符合功能和造型简洁的现代审美观点,1950年在纽约建成的39层的联合国秘书处大厦(图6-3),就是"板式"高层建筑实例之一。1952年SOM建筑事务所在纽约建造的利华大厦(图6-4),高22层,又开创了全部玻璃幕墙"板式"高层建筑的新手法。到60年代以后塔形玻璃摩天楼也应运而生。

图6-4 纽约 利华大厦

到20世纪下半叶,世界上最有代表性的高层建筑实例是纽约的世界贸易中心与芝加哥的西尔斯大厦。

### 6.2.2　纽约世界贸易中心

当时它是目前世界上最著名的一组高层建筑群，共由两座并立的塔式摩天楼及四幢 7 层办公楼、一幢 22 层的旅馆组成，建造时间是1969 ~ 1973 年( 图6-5 )。两座塔式摩天楼均为 110 层，另加地下室6层，地面以上建筑高度为 411 米。建设单位为纽约港务局，设计人是雅马萨奇。两座高塔的建筑面积达 120 万平方米，内部除垂直交通、管道系统外均为办公面积与公共服务设施。建筑总造价为 7.5 亿美元。

高塔平面为正方形，每层边长均为 63 米，外观为方柱体。结构全部由外柱承重，9 层以下外柱中距为 3 米，9 层以上外柱中距为 1 米，窗宽约 0.5 米，这一系列互相紧密排列的钢柱与窗过梁形成空腹桁架，即框架筒的结构体系。核心部分为电梯的位置，它仅承受重力荷载，楼板作为将风力传到平行风向的外柱上。由于这两座摩天楼体形过高，虽在结构上考虑了抗风措施，但仍不能完全克服风力的影响，设计顶部允许位移为 900 毫米，即为高度的 1/500，实测位移只有 280 毫米。两座建筑因全部采用钢结构，共用去 19.2 万吨钢材。两座大厦的玻璃如以 50 厘米宽计算，长度达 104 千米。建筑外表用铝板饰面，共计 20.4 万平方米，这些铝材足够供 9000 户住宅做外墙。在地下室部分设有地下铁道车站和商场，并有四层汽车库，可停车 2000 辆。每座塔楼共设有电梯 108 部，其中快速电梯 23 部，速度达到 486.5 米 / 分，每部可载客 55 人，分层电梯 85 部。

设备层分别在第 7、8、41、42、75、76、108、109 层上。第 110层为屋面框架层。高空门厅（Sky Lobby）设在第 44 层及 78 层上，并有银行、邮局、公共食堂等服务设施。第 107 层是个营业餐厅。其中一座大厦的屋顶上装有电视塔，塔高 100.6 米。另一座大厦屋顶开放，供游人登高游览。

**图 6-5**　纽约　世界贸易中心

这两座建筑可供 5 万人办公,并可接待 8 万来客。经过 20 年使用后,发现有许多不便之处,主要是人流拥挤,分段分层电梯关系复杂。同时,由于窗户过窄,在视野上一般反映不够开阔。事实说明,这样的高楼并不是从解决实际功能出发,而只是起了商标广告作用而已。但是,从这里也可以看到进行了一些建筑艺术处理,底下 9 层开间加大,上部采用哥特式连续尖券的造型,因此有人称它为七十年代的"哥特复兴"。可惜这两座大楼在 2001 年"9·11"事件中已被毁。

### 6.2.3　芝加哥　西尔斯大厦

这是 20 世纪 90 年代前世界上最高的摩天楼,建于 1970 ~ 1974 年,由 SOM 建筑事务所设计(图 6-6)。建筑总面积为 41.8 万平方米,总高度 443 米,达到了芝加哥航空事业管理局规定房屋高度的极限。建筑物地面上 110 层,另有地下室 3 层。

这座塔式摩天楼的平面为束筒式结构,将 9 个 22.9 米见方的管形平面拼在一个 68.7 米见方的大筒内。建筑物内有两个电梯转换厅(高空门厅),分设于 33 层与 66 层,有 5 个机械设备层。全部建筑用钢 7.6 万吨,混凝土 5.57 万立方米,有高速电梯 102 部,并有直通与区间之分。这座建筑的外形特点是逐渐上收,第 1 ~ 50 层为 9 筒组成的正方形平面,第 51 ~ 66 层截去对角,第 67 ~ 90 层再截去二角成十字形,第 91 ~ 110 层由两个管形单元直升到顶。这样既在造型上有所变化,又可减少风力影响。实际上,大楼顶部由于风力作用而产生的位移仍不可忽视,设计时顶部风压采用 2990 帕,设计允许位移为 1/500 建筑物的高度,即 900 毫米左右,实测位移为 460 毫米。西尔斯大厦的出现,标志着现代建筑技术的新成就,也是美国垄断资产阶级显示实力的反映。

图 6-6　芝加哥　西尔斯大厦

### 6.2.4　20 世纪 80 年代以后的高层建筑

从 80 年代开始,西方资本主义国家的经济逐渐由衰退走向复苏,作为支柱产业的建筑业也相应有了新的发展,表现经济实力的高层建筑成为明显的标志,尤其是超高层建筑的建造形成热点。这一时期,不仅欧美各国的高层建筑继续大力建设,而且第三世界,特别是亚洲一些国家和地区的高层建筑更是犹如雨后春笋,反映了经济的发展与强烈的竞争意识。高层建筑的性质主要以办公楼居多。在建筑的功能与技术方面已日益综合化与智能化,建筑造型也越来越多样化。从建设的数量与建筑的平均高度来看都在逐年增加。近几十年来,世界各国高层建筑的造型特点，大致可分为下列几类：

1）标志性。属这一类的高层建筑数量最多，也最普遍，它们的体形多采用超高层的塔式建筑，层数一般在 40 层以上，重点强调塔顶部位的高耸尖顶处理，以便形成为城市的主要标志。代表性的例子如香港中国银行大厦（1982～1989 年），马来西亚吉隆坡的双塔大厦（1995～1997 年）等。中国近些年标志性高层建筑的发展也很快，1986 年初已在深圳建成 54 层的国贸大厦。1990 年建成的北京京广中心主楼高 208 米，由地下 3 层、地面 51 层及 9 层附属群楼组成，把办公、公寓、豪华饭店有机地结合在一起。1993 年落成的广州国际信托大厦高度达到 63 层。20 世纪 90 年代中期以后，又陆续建成了一批 80 层以上的超高层建筑，如 1996 年深圳建成 81 层的地王商业大厦，高 384 米；1996 年广州又建成 80 层的中天广场大厦，高度 322 米；1998 年上海建成 88 层的金茂大厦（图 6-7），高度 420 米，成为中国当时最高的建筑，这标志着中国高层建筑已进入了一个发展的新时代。

图 6-7 上海 金茂大厦

2）高技性。属这一类的高层建筑，虽数量不多，但在世界上的影响却很大，它主要在建筑内外表现了高科技的时代特点，使人们可以在传统艺术王国之外看到一个技术美的新世界。它那震惊人心的工程威力与技术成就，已使它的建筑价值超越了其自身的实用性而具有某种精神的意义。香港新汇丰银行大厦（1979～1985 年）、伦敦劳埃德大厦（1978～1986 年）、大阪新梅田空中大厦（1989～1993 年）等均是此类例子。

3）纪念性。这一类的高层建筑常隐喻某一思想，或象征某一典范，以取得永恒的纪念形象。它们并不强调建筑的高度或形式的新颖，而是追求建筑比例的严谨，造型的宏伟，使人永记不忘。例如东京都厅舍（1986～1991 年，图 6-8）基本上是模拟巴黎圣母院的造型，不过两侧的钟塔部位作了 45°的旋转。使其具有新颖的变体，同时也不乏永恒的纪念形象。

4）生态性。这是在当今建筑设计思想中的一种新潮流。为了使城市建设能够适应生态要求，不致对环境造成不利影响，于是不少建筑师正在探

图 6-8 东京都厅舍

讨着符合生态的设计，其中高层建筑也不例外，而且格外受到青睐。这类高层建筑的生态设计具有一些共同特点，它们都注重把绿化引入楼层，考虑日照、防晒、通风，以及与自然环境有机结合等因素，使建筑重新回到自然中去，成为大自然的一员，并努力做到相互共生，这也是人类的理想。这类建筑的典型例子如印尼雅加达的达摩拉办公楼（1990 年）、法兰克福商业银行大厦（1994 ~ 1996 年）、马来西亚槟榔屿的 MBF 大厦（1994 年）等。

5）装饰性。高层建筑在满足功能与技术之后，外表的装饰艺术已成为近期建筑师热衷的另一倾向。目前常见的是使建筑体形进行有规律的变化，或在建筑顶部进行与众不同的标志性处理，或在建筑基部进行大量丰富的装饰，以便使这座高层建筑给人以强烈的印象。比较有代表性的如香港奔达中心双塔（1986 ~ 1990 年）、法兰克福 DG 银行总部大楼（1986 ~ 1993 年）等。

6）文化性。在高层建筑上表现文化历史特征是后现代主义惯用的手法，例如格雷夫斯、菲利普·约翰逊等人的作品尤为明显。其中有的表现了新哥特的风格，有的表现了新古典风格，有的则表现后现代的混合风格，使高层建筑的艺术处理又增添了新的文化特征。比较代表性的例子如美国路易斯维尔市的休曼那大厦（1985 年）、休斯敦的共和银行中心大厦（1984 年）等。

### 6.2.5　吉隆坡　双塔大厦

它亦称云顶大厦，位于吉隆坡市中心区，建造时间为 1995 ~ 1997年间，设计人是美国建筑师西萨·佩里。双塔均 88 层，包括塔尖总高为445 米，建成后成为世界最高建筑，它的顶点高度已超过了芝加哥的西尔斯大厦。大厦底部有二个电梯厅，设 24 部电梯，分两个低层区和三个高层区，分别解决高速直达与区间上下之用。塔的平面为多棱角的柱体。两塔总共建筑面积为 21.8 万平方米。底部四层为裙房，用花岗石砌筑，裙房之上的塔身全为玻璃幕墙与不锈钢组成的带状外表。随着建筑高度的不同，立面大致可分为五段，逐渐收缩，最上形成尖顶，多少有点模仿伊斯兰教的光塔形象。在双塔第 41 层与 42 层之间有一座"空中天桥"连接两塔，桥长 58.4 米，高 9 米，宽 5 米，桥的两端是双塔的"高空门厅"。从桥的中部下面分别向两端伸出一个斜撑，固定在双塔身上，这样可以大大增加桥和塔的刚度，同时也象征着城市的大门。双塔的外部色彩呈灰白色，造型与细部在设计中都明显吸收了伊斯兰建筑的传统几何构图手法。

关于"世界之最"的桂冠，说来还有一段趣闻。当马来西亚方面宣布已成功地建成了世界最高的双塔大厦之后，立刻引起了美国方面的反驳，他们说，芝加哥的西尔斯大厦建筑主体高 443 米，加上楼顶所立电视天线高度 77 米，两者相加为 520 米。于是在争论不休之际诉诸世界摩天楼委员会仲裁。经过委员会的认真讨论之后，判定西尔斯大厦的电视天线为附属结构，与主体无关，高度不计在内。而吉隆坡的双塔大厦顶部塔尖为固定装饰性结构，故高度计算在内。这样，一场国际官司才暂时得到了结。

### 6.2.6　香港　中国银行大厦

它亦称中银大厦，建于 1982～1989 年。新楼位于港岛市中心，由贝聿铭设计。大楼有 70 层，从路面算起约有 315 米高，是香港的一座重要的标志性建筑（图 6-9）。为了体现隐喻，贝氏利用逐渐向上的体形来表达中国古老的谚语"芝麻开花节节高"，并标志着中国欣欣向荣的现代化进程。建筑的造型是由四个三棱柱体组成，高度逐渐递增，类似多面的水晶体。平面是简单的正方形，被两条对角线划分为四个相等的等腰三角形，每个三角形上升到不同高度，并分别向外倾斜。围护结构是玻璃幕墙，主要钢框架露在幕墙中，也呈三角形分布，使这座建筑的用钢量比高度和面积基本相同的其他建筑减少 40%。大厦的底部为黄色花岗石贴面，表现了入口的雄伟与资产的坚实。由于地形的高差，大厦在南北两面出入口标高相差一层。营业大厅上方高耸起 15 层楼高的中庭，可以使顾客看到上部的办公空间。中银大厦的外部环境还布置有水池、瀑布、花木，以体现中国传统园林的精粹，也为大厦的总体艺术效果增色不少。

图 6-9　香港　中国银行大厦

### 6.2.7　大阪新梅田空中大厦

这是日本建筑师、东京大学教授原广司的著名作品，建于 1989～1993 年（图 6-10）。新梅田空中大厦由北面两幢超高层办公楼和西南面一幢高层旅馆组成，分布在长方形地段的三个角上。两座办公楼为 40 层，总高 170 米，在顶部用空中庭园相连，形成门形大厦。顶部空中庭园中央有一个巨大的圆形孔洞，内外装修主要用铝合金板，效果新颖奇特。办公楼外表主要是以玻璃幕墙组成，在门式空间内外的两边墙面也设计了部分面砖外表，起到了一定的装饰与过渡作用。同时在横跨门形空间中部，布置有悬空的巨型桁架通廊，

图 6-10　大阪　新梅田空中大厦

并在前后还设计有垂直的钢架作为电梯竖井。更为奇特的是从左边办公楼颈部起，有两条斜置的钢构架直达顶部空中庭园的大圆洞上，使空中庭园的交通系统显得既复杂又具有高度的神秘感。在门形空间的底部是一个方形的中央广场。在高层旅馆的对面是一些零散的低层商店，以满足游客的需要。在旅馆和商店之间是原广司特意设计的"中央自然之林"，这是一座下沉式的园林，在它的北面布置有 9 根不锈钢的喷泉柱，前面是弧形的水池，池内由散石点缀，它们与中央大片自然式园林相映成趣，成为观赏的焦点。原广司的这组建筑群造型在某种程度上有点类似于巴黎的新凯旋门，但它的构思之不同处是在于要建立空中城市，使将来的高层建筑都在空中相互联系起来，成为一种创造新都市的技术。

### 6.2.8　高耸的构筑物

近些年来，国外构筑物的高度也有了惊人的增长。1962 年在莫斯科建造的电视塔，采用钢筋混凝土结构，圆形平面，高度达到 532 米，是 20 世纪 70 年代前世界最高的构筑物。1974 年在加拿大多伦多建造的国家电视塔，高度达到 548 米，曾取代莫斯科电视塔而成为当时世界最高的构筑物。这座电视塔的平面为 Y 形，钢筋混凝土结构，在顶部还设有 400 人的餐厅，并可容纳 1000 人参观。20 世纪 80 年代初在波兰华沙建造的一座新电视塔，高度达到 645.33 米，成为当时世界最高的构筑物。

## 6.3　大空间建筑的新面貌

19 世纪后期，大空间建筑在世界上已有了很大成就，1889 年巴黎世界博览会上的机械馆（图 6-11）就是一例，它采用了三铰拱的钢结构，使跨度达到 115 米。20 世纪初随着金属材料的进步与钢筋混凝土的广泛应用，大空间建筑有了新的进展。1912 ~ 1913 年在波兰布雷斯劳建成的百年大厅，采用钢筋混凝土肋料穹窿顶结构，直径达 65 米，面积 5300 平方米。

20 世纪 30 年代以后，尤其是在第二次世界大战后的几十年中，大空间建筑又有了突出的成就。它主要用于展览馆、体育馆、飞机库，以及一些公共建筑。

大空间建筑的发展，一方面是由于社会的需要，另一方面也

图 6-11　1889 年巴黎世界博览会机械馆内部结构

是因为新材料与新结构提供了技术上的可能性，使大空间的理想才能得以成为现实。在近一段时期内，不仅钢材与混凝土提高了强度，而且新建筑材料的种类也大大增加了，各种合金钢、特种玻璃、化学材料己开始广泛应用于建筑，为大跨度建筑轻质高强的屋盖提供了有利条件。大空间建筑的屋顶结构，除了传统的梁架或桁架屋盖外，比较突出的则是新创造的各种钢筋混凝土薄壳与折板、悬索结构、网架结构、钢管结构、张力结构、悬挂结构、充气结构等。这些新结构形式的出现与推广，象征着科学技术的进步，也是社会生产力突飞猛进地发展的一个标志。

为了适应工业生产与人们生活的需要，大跨度建筑的外貌已逐渐打破人们习见的框框，愈来愈紧密地与新材料、新结构、新的施工技术相结合，朝着现代化科学化的道路前进。大空间建筑发展的另一趋势，则是覆盖空间越来越大，甚至设想覆盖一块地段，或整个城镇，以便形成人造环境。

### 6.3.1　钢筋混凝土薄壳结构

利用钢筋混凝土薄壳结构来覆盖大空间的做法已越来越多，屋顶形式也多种多样。由意大利工程师奈尔维设计，在 1950 年建造的意大利都灵展览馆，就是一波形装配式薄壳层顶，1957 年建造的罗马奥运会的小体育宫（图 6-12）是网格穹窿形薄壳屋顶。1960 年完成的纽约环球航空公司航空站的主厅屋顶，则是用四瓣薄壳组成。1963 年在美国建成的伊利诺大学会堂，圆形平面，共有 18000 个座位，屋顶结构为预应力钢筋混凝土薄壳，直径为 132 米，重 5000 吨，屋顶水平推力由后张预应力圈梁承担。造型如同碗上加盖，具有新颖外观。世界上最大的壳体现在是

图6-12　罗马　奥运会小体育宫

1958 ~ 1959 年在巴黎西郊建成的国家工业与技术中心陈列大厅，它是分段预制的双曲双层薄壳，两层混凝土壳体的总共厚度只有 12 厘米。壳体平面为三角形，每边跨度达 218 米，高出地面 48 米，总的建筑使用面积为 9 万平方米。此外，采用钢丝网水泥结构，已可使薄壳厚度减小到 1 ~ 1.5 厘米，1959 年建造的罗马奥运会的大体育宫的屋盖，便是采用波形钢丝网水泥的圆顶薄壳。

### 6.3.2　折板结构

这种结构在大空间建筑中的应用也有发展。比较著名的例子如 1953-1958 年在巴黎建造的，联合国教科文组织的会议大厅的屋盖，这是奈尔维工程师的又一杰作，他根据结构应力的变化将折板的截面由两

端向跨度中央逐渐加大，使大厅顶棚获得了令人意外的装饰性的结构韵律，并增加了大厅的深度感。

### 6.3.3　钢网架结构

这是大空间建筑中应用得最普遍的一种形式。1966 年在美国得克萨斯州休斯顿市用钢网架结构建造的一座圆形体育馆，直径达 193 米，高度约 64 米。1976 年在美国路易斯安那州新奥尔良市建造了当时世界上最大的体育馆，圆形平面直径达 207.3 米，屋顶为钢网架结构，内部空间可容纳观众 9 万多人。20 世纪 70 年代末在美国底特律的韦恩县建立了一座体育馆，圆形平面，直径达 266 米，是当时世界上跨度最大的建筑。

图 6-13　1967 年蒙特利尔世界
博览会美国馆

### 6.3.4　钢管结构

国外还有利用短钢管或合金钢管拼接成的平面桁架、空间桁架或网状穹窿顶等。这种钢管结构的特点是结构与施工方便。目前用来建造体育馆、展览馆、飞机库的颇多。1967 年在加拿大蒙特利尔世界博览会上的美国馆（图 6-13），就是一个 76.2 米直径的球体网架结构，设计人是美国结构工程师富勒。球体网架外表全用塑料敷面，并可启闭，夜间内外灯火相映，整个球体透明，也别开生面。

### 6.3.5　悬索结构

由于钢材强度不断提高，在五十年代以后国外已开始试用高强钢丝悬索结构来覆盖大跨度空间。这种建筑最初是受悬索桥的启发。由于主要结构构件均承受拉力，以致外形常常与传统的建筑迥异，同时，由于这种结构在强风引力下容易丧失稳定，因此应用时技术要求较高。1953 ~ 1954 年美国罗利市的牲畜展览馆就是这类建筑早期著名的实例之一。屋顶是一双曲马鞍形的悬索结构，造型简洁、新颖。它的试验成功，使这种新结构形式在大空间建筑中得到了进一步的推广。

1964 年日本建筑师丹下健三在东京建造的奥运会代代木游泳馆与小体育馆（球类比赛馆），又使悬索结构技术与造型有所创新，不仅技术合理，造型新颖，而且平面适合于功能，内部空间经济，可以节省空调费用，同时还隐喻一定的民族特点。游泳馆平面为蚌壳形，主要跨度 126 米，能容纳观众 15000 人。小体育馆平面呈圆形，并有喇叭形的入口，内部可容纳观众 4000 人。

### 6.3.6 张力结构

在悬索结构基础上进一步发展了钢索网状的张力结构。这种结构轻巧自由，施工简易，速度快。例如1967年蒙特利尔世界博览会上，由古德伯罗和奥托设计的西德馆，就是采用钢索网状的张力结构，屋面用特种柔性化学材料敷贴，呈半透明状，远看犹如蜘蛛网一般。后来在其他地方也经常采用这种结构方法。

### 6.3.7 悬挂结构

目前国外又试用悬挂结构来建造大跨度建筑，基本原理与悬索桥相同。如1972年在美国明尼苏达州明尼阿波利斯市建造的联邦储备银行，就是采用悬索桥式的结构，把11层的办公楼建筑悬挂在83.82米跨度的空中。同年，在慕尼黑奥运会的游泳馆则采用悬挂与网索张力结构相结合的做法。

### 6.3.8 活动屋顶

美国匹茨堡的公共会堂兼体育馆是一个活动屋顶的著名大空间例子。它建于1961年，具有多种功能作用。平面为圆形，直径127米，内部具有9280个固定座位。它的特点是半球形的钢屋顶可以自由启闭，圆屋顶下有凹槽与墙身上的圈梁相联结，顶部中央有轴心固定在三足悬臂支架上。整个圆形屋顶由八个大小相似的叶片组成，六个活动的和两个固定的，当按电钮之后，六个活动叶片会缩至两个固定叶片上面，这样就可以变成露天体育场了。

### 6.3.9 充气结构

随着化学工业的发展，近年来已开始用充气结构来构成建筑物的屋盖或外墙，多作为临时性工作或大空间建筑之用。充气结构可分为气柱式与气承式二种。气柱式犹如儿童玩具，气承式则是在建筑物内加上一定的气压，使屋顶飘浮在上空，同时四周门窗必须紧闭，靠人工通风控制室内气压高低。充气结构使用材料简单，一般用尼龙薄膜，人造纤维或金属薄片等，表面常涂有各种涂料，这种结构可以达到很大的跨度，安装、充气、拆卸、搬运均较方便。

近些年来，美国常采用薄膜气承结构作大型体育馆的屋盖，典型的例子如1975年建的密执安州庞提亚克体育馆，跨度达168米，可容观众80400人，薄膜气承屋面覆盖35000平方米，是当代世界上最大的充气建筑。它备有电子报警系统，如遇漏气或损坏能自动反映，及时修理。

### 6.3.10 20世纪80年代以后的大跨度建筑

从80年代开始，随着工程技术的进步，大跨度建筑领域内已取得了一系列新的成就，其中明显地表现在体育场馆与交通类建筑方面，空

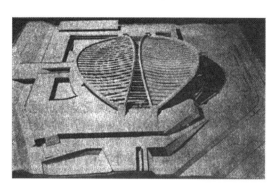

图 6-14  莫斯科  奥运会自行车赛车馆

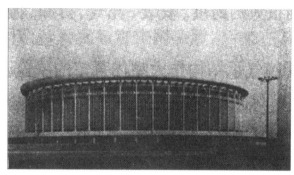

图 6-15  莫斯科  奥运会主场馆

间开阔灵活，造型新颖别致，结构与使用功能先进，受到举世瞩目。在这些大跨度屋盖中，悬索结构、预制钢筋混凝土结构、钢管网架结构、活动屋顶、木结构弧形网架体系和充气结构，都有所发展。

### 6.3.11  莫斯科  奥运会体育馆

在莫斯科奥运会场馆中有两座建筑比较著名，一座是自行车赛车馆，另一座为主场馆，均建于 1980 年。赛车馆建在克雷拉特斯克区的河边坡地上，设计人是德国建筑师赫尔伯特·沙曼恩，结构由俄国工程师完成。馆内可容纳观众 6000 人，平面呈椭圆形，跑道长 333.3 米，是世界上自行车赛车跑道中最长的一个馆。屋顶采用了反高斯曲线，由两个外栱和两个内栱组成，内栱作屋脊，外栱支在悬挑看台上，栱间为拉索，上铺 4 毫米厚的钢板。栱本身亦由 20 与 40 毫米厚的钢板焊成 3 米 ×2 米的方筒组成，抛物线栱券的跨度达 156 米。整座建筑造型似蝴蝶状，颇富有表现力（图 6-14）。

主场馆平面亦为椭圆形，长轴径 210 米，短轴径 171 米，内部高 30 米，可容纳观众 45000 人。建筑外形呈圆柱体状，屋盖采用内凹式钢网架结构体系，使其在节约空间与节省空调能源方面具有明显效果（图 6-15）。

### 6.3.12  福冈体育馆

它亦称福冈穹窿，建于 1991～1993 年，是日本第一座屋顶可启闭的大型多功能体育馆。设计单位为前田建设工业公司，建筑师是村松映一、平田哲、村上吉雄（图 6-16），体育馆用地面积为 169160 平方米，主体建筑面积为 69130 平方米，地面以上高 7 层，墙体由钢筋混凝土筑成。穹窿顶直径为 212 米，由三片总重达 12000 吨的扇形钢结构球面屋盖组成，屋顶有厚

图 6-16  福冈体育馆

0.3毫米的钛合金皮铺于45000平方米的表面上,以防止酸雨的腐蚀破坏,屋盖开敞时的形象可以让我们联想起犹如飞鸟展开双翼在空中翱翔,也使得"晴天在户外活动而雨天则在室内"这一人们的梦想成为现实。

### 6.3.13  东京充气圆顶竞技馆

由日建设计事务所和竹中工务店联合设计的这座竞技馆,是一座多功能的室内体育馆,主要用作棒球训练及竞赛场地,也可进行其他体育比赛或各种演出。这座大型充气膜式圆顶的永久性体育设施位于东京市中心,建于1988年。竞技馆内有观众席三层,可容纳观众5万多人,比赛场两侧还可根据需要临时增加1.3万个可移动的座位。充气屋顶的长边为180米,对角线为201米,是一个近似长方形的椭圆形,覆盖着1.6万平方米的巨大空间,室内容积约为124万立方米。充气屋顶由225块厚度为0.8毫米的双层聚氟乙烯树脂涂层的玻璃纤维布组成(其内膜厚度为0.3毫米),每边各用14根直径为80毫米、间距8.5米的钢索交叉固定屋顶。每平方米屋顶的重量只有12.5千克。屋顶在充气状态下,室内气压比室外气压稍稍高一些,人们并不会有不适之感。由于圆顶薄膜有较好的透光性,故室内可以获得需要的自然采光。竞技馆的外观非常突出,洁白的椭圆形屋顶衬托在周围红、黄、蓝、绿等色彩缤纷的建筑群之中,显得格外惹人注目。此外,圆顶上还装有避雷导体和融雪系统(图6-17)。

图6-17  东京  充气圆顶竞技馆

综上所述,我们可以看到大空间建筑的数量已越来越多,结构类型越来越复杂,它们的造型已大大地超出了我们传统的观念,往往使我们在惊叹之余,不能不钦佩当代科学技术的进步和建筑艺术的新成就。

## 6.4  建筑艺术思潮的多元化

20世纪50年代以后,世界建筑艺术思潮的总趋势是朝多元化方向发展,战前现代建筑单一纯净的风格受到了严重的冲击。所谓多元化,在建筑领域中是指风格与形式的多样化,这种趋向的目的是要求获得建筑与环境的个性,及明显的地区性特征。

地区性的特征不仅表现为地理因素(地形、地貌、地质、环境、气候等)的影响,而且要求反映民族、生活、历史和文化的背景。长期以来,人们对泛滥了的国际式方盒子建筑已感到厌倦,怎么能不使人留恋起故乡的山山水水和村镇的特色呢?因此,"要回家"、"要自由"的呼声非常强烈，这也就是多元化在战后迅速发展的缘由。如果追溯渊源，早在30年代，芬兰著名建筑师阿尔托就主张建筑走"民族化"和"人情化"的道路，美国建筑大师赖特曾提倡建筑的"有机性"。但是，在当时都还只不过是一种流派，并未能左右现代建筑沿国际式道路的发展。然而，如今情况不同了，一支支小小溪水已汇为浩浩江河，成为不可抗拒的潮流了。建筑风格表现多样化的个性在50年代以后非常突出，许多建筑师由于挣脱了精神枷锁，突破了现代建筑观点的禁锢，大胆创新，于是形形色色的流派竞相出现，以求业主的青睐。

多元化的表现非常之多，常见的流派有：粗野主义，新古典主义或典雅主义，隐喻主义，高技派、光亮式、建筑电讯派、新陈代谢派、新乡土派，后现代派，晚期现代派，解构主义、新理性主义、新颖空间倾向，奇异建筑倾向等。虽然新流派名目繁多，但区分并不甚严格，他们常以各种手法使人感到眼花缭乱，表示惊奇。有些建筑师朝三暮四，标新立异，本身就摇摆不定，很难以人划线，有些建筑作品也往往兼有几种影响，这只能具体分析了。

### 6.4.1 粗野主义

这是50年代较早出现的一种新思潮，它的特点是在建筑材料上保持自然本色，砖墙、木梁架都以其本身质地显露朴素美感。混凝土梁柱墙面亦任其存在模板痕迹，不加粉刷，具有粗犷性格。这种艺术作风一反过去现代建筑造型的常态，使人在看厌了机器美学之后能够换以原始清新的印象。具有粗野主义风格的建筑，以勒·柯布西耶设计的法国马赛公寓（1947～1952），和印度昌迪加尔高等法院（图6-18）为代表。这两座建筑完全摒弃了勒·柯布西耶本人在战前的功能主义倾向，以大刀阔斧的手法，把建筑外形造成粗野面貌。轮廓凹凸强烈，屋顶、墙面、柱墩沉重肥大，并在表面保存粗糙水泥本色，表现了混凝土塑性造型的任意摆布，马赛公寓的窗洞侧墙上还涂有各种鲜明色彩，以取得新颖感。

粗野主义在战后的日本颇受赏识，不少建筑师自觉或不自觉地在建筑中受到影响，这可能是因为日本建筑界元老前川国男，过去曾在巴黎勒·柯布西耶事务所学习过，战后勒·柯布西耶又在东京上野公园建有西洋美术馆（1953～1959）之故。1961年前川国男建造的京都文化会馆与东京文化纪念会馆，即采用这种粗野主义的造型。

### 6.4.2 新古典主义

也称之为典雅主义，是战后美国官方建筑的主要思潮。它以吸取

图6-18　昌迪加尔　高等法院

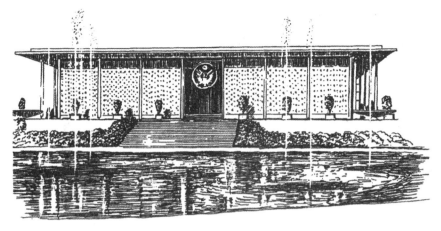

图6-19 新德里 美国驻
印度大使馆

古典建筑传统构图为其特点，比例工整严谨，造型简洁轻快，偶有花饰，但不用柱式，以传神代替形似，是战后新古典区别于30年代新古典的标志。由于这种风格在一定程度上能反映庄重精神，因此颇受官方赏识。新古典建筑思潮在50年代和60年代流传颇广，代表人物为斯东、山崎实（雅马萨奇）、密斯等人。典型实例如斯东设计的美国驻印度大使馆（1955～1958年，图6-19），平面吸取古希腊周围柱廊式庙宇的布局手法，内部还有绿化庭院，立面为水平造型，但材料新颖，构图简洁，重点部位进行装饰，颇能获取古典印象。其他如格罗皮乌斯设计的美国驻希腊大使馆（1956～1961年）、菲利浦·约翰逊等人设计的纽约林肯文化中心一组建筑（1957～1966年），均是此类思潮的反映。

### 6.4.3 隐喻主义

又称象征主义，有暗示联想之意，使某些特殊性建筑所要表现的个性极为强烈，它以满足功能为基础，艺术造型的重要性往往居于首位。隐喻或象征有多种手法，具体象征易于从造型上为人们所了解，抽象象征则寓意于方案的联想了。埃罗·萨里宁设计的纽约环球航空公司候机楼（1956～1960年，图6-20）和伍重设计的悉尼歌剧院（1957～1973年，图6-21），都是具体象征的例子。

环球航空公司候机楼将建筑外形做成飞鸟状，给民航飞机以显著标记，钢筋混凝土的多瓣形壳体屋盖，在机场亦有新颖效果。伍重的悉尼歌剧院设计在1956年的方案竞赛中获奖，主要取其造型富于诗情画意，远看犹如群帆归港，又似百合花怒放，在风光旖旎的海滨，怎么不使人浮想联翩，心旷神怡。然而，悉尼歌剧院的建造是经过一番风波的，原方案设计的九只悬臂壳体，虽外观不凡，但结构与施工却绝非易事。为此，伍重曾多方奔走以求实现，结果还是在现实条件下，不得不将壳体结构改为分段预制肋架做成，显得较为厚重，造型近似原来面貌，却不如原来轻盈潇洒。悉尼歌剧院共有建筑面积88000平方米，内部主要包括有

图 6-20　纽约　环球航空公司航空站

图 6-21　悉尼　歌剧院

图 6-22　柏林　爱乐音乐厅

2700 座的音乐厅，1550 座的歌剧场和一个 420 座的小剧场，以及其他大小房间 900 多个。悉尼歌剧院从 1957 年定案开始技术设计到 1973 年 10 月落成，前后历时 17 年。

德国建筑师夏朗为柏林设计的爱乐音乐厅（1956～1963 年，图 6-22），则是用抽象手法表现象征的一例。夏朗把它设计成象征乐器的内部，观众厅的空间酷似一个乐器的大共鸣箱，外墙蜿蜒曲折，高低起伏，使人处处获得与音乐节奏的联想，同时空间的灵活自由布置，亦使功能、音响、灯光以及造型艺术取得成功效果，为现代建筑设计开辟了新的领域。

### 6.4.4　新乡土派

这是注重建筑构思结合地方特色与适应各地区人民生活习惯的一种倾向。它继承了芬兰建筑师阿尔托的主张并加以发展。这种思潮不仅在芬兰继续传播，而且七十年代以后广泛影响到英、美、日等国以及第三世界国家。新乡土派思潮曾在英国的居住建筑中风靡一时，那些清水砖墙、券门、坡屋顶、老虎窗与自由空间的组合，成了传统砖石建筑造型与现代派建筑构思相结合的产物。这种风格既有别于历史式样，又为群众所熟悉，能获得艺术上的亲切感。

这种思潮的代表性作品是 1965～1967 年，由芬兰第三代建筑师仁玛·皮蒂拉，在赫尔辛基的奥坦尼米所设计的芬兰学生联合会"第波利"大厦（图 6-23）。建筑结合自然环境，把平面做成自由舒展的布局，造型利用砖木材料本色，并在建筑四周叠自然岩石，衬托于茂密的树林之中，反映了强烈的地方风格。因为在森林之国的芬兰，人们向往的是木材之家！此外，如美国纽约州阿尔蒙克城的韦斯切斯特别墅（图 6-24），也是典型一例。

新乡土思潮在日本早已流行，它是在发扬民族传统的思想基础上应运而生的。1962 年在罗马建造的日本学院，由吉田五十八设计，外貌富有日本传统茶室造型效果，并有和风庭园衬托。这种建筑风格在日本新市政厅大厦中亦广为应用，可能是对民族传统与现代化建筑手段相结合的探讨。

### 6.4.5　光亮式

亦称银色派，它是当前欧美流行得较广的一种建筑思潮。这种建筑风格以大片玻璃幕墙为其特征，著名实例如 1952 年建的纽约利华大楼，1956～1958 年建的纽约西格拉姆大厦（图 6-25），1973 年建的波士顿汉考克大厦，1976 年由波特曼设计的亚特兰大市桃树中心广场上的 70 层旅馆，1977～1978 年建的底特律广场旅馆 73 层的主楼等等。这种玻璃大厦的外墙往往采用镜面玻璃或半透明的有色玻璃，在阳光照耀下闪烁发光，效果轻盈空透，可谓是现代建筑国际式风格的新发展。由于这种建筑便于工业化生产与装配，同时以其显示结构逻辑与轻快、闪光、透明的新貌而逐渐风行世界。

光亮式的玻璃摩天楼首先出现于美国，然后在欧洲、南美等地亦不断得到传播。由于玻璃大楼墙面的透明、反射与镜面像影往往给街道上的汽车驾驶带来困难，加上风格的程式化，缺乏地方特色，近年来也遭到不少非议。然而，这种形式能反映工业化时代的特点，体现新的艺术观，并能有隐身、像影变化等效果，在世界各地仍有不少追随者。

### 6.4.6　高技派

这是在建筑造型风格上注重表现高科技的倾向。这种倾向起源很早，1851 年出现的伦敦水晶宫，1889 年建造的巴黎埃菲尔铁塔和机械馆，都是在建筑上表现新技术的先驱者，20 世纪上半叶逐渐销声匿迹。20 世纪 60 年代这股思潮重新活跃，并在理论上极力宣扬机器美学和鼓吹新技术的美感，于是各种钢架、混凝土梁柱、玻璃隔断以及五颜六色的管道都不加修饰地暴

图 6-23　赫尔辛基　芬兰学生联合会"第波利"大厦

图 6-24　阿尔蒙克　韦斯切斯特别墅

图 6-25　纽约　西格拉姆大厦

露出来。其目的不外乎是说明新材料、新结构、新设备与新技术比传统的优越，新建筑设计应该考虑技术的决定因素；其次是说明新时代的审美观应以新技术因素作为装饰题材；再次是认为功能可变，结构不变，一幢建筑可以存在百年以上，而使用功能在漫长的岁月中必然会有所发展。因此，表现技术的合理性和空间的灵活性，既能适应多功能的需要，又能达到机器美学的效果。建筑电讯派是这一思潮的激进派，他们甚至认为只要可以解决建筑的使用功能，在造型艺术上表现设备与结构应该超过表现房屋本身。这些新结构、新材料、新设备就是高技派所要表现的技术美。

最能代表这一思潮的例子是 1976 ~ 1977 年建成的巴黎蓬皮杜艺术与文化中心（图 6-26），设计人为意大利建筑师伦佐·皮亚诺和英国建筑师罗杰斯。艺术与文化中心位于巴黎市中心偏北，建筑平面为一长方形，48 米 ×166 米，六层，高 42 米。建筑总面积为 103305 平方米。 内部包括美术展览馆以及各种美术、音乐、戏剧活动室、研究室、商店等等，功能甚为复杂，而整座建筑四周则全由玻璃幕墙围护。为了保持室内空间的完整性，钢结构构架与各种设备管道全暴露在建筑外部，加上透明塑料覆盖的自动电梯从底到顶曲折上升，形成化工厂的外貌。室内隔墙不到顶，随使用功能的变化而灵活隔断。楼层顶棚钢架亦不加遮蔽，使内外呈现同一风格。自蓬皮杜艺术与文化中心问世以来，引起了各国建筑界的强烈反响，议论纷纷。有的喝彩，欢呼建筑艺术的重大革新；不少建筑师却斥之为对建筑艺术的破坏，是与巴黎市容不相称的。

图 6-26　巴黎　蓬皮杜艺术与文化中心

### 6.4.7  探求共享空间与新颖空间的倾向

在公共建筑内部创造共享空间是一种新的倾向。公共活动部分往往空间相互交错、穿插，而且分散流通，尤其倾向于把室外空间引入内部，使室内大厅呈现四季花木繁茂景象。美国建筑师波特曼是这一手法的卓越创造者。按照他的观点，创造新颖空间效果需要考虑七点手法：

（1）既有规律，又有变化；

（2）动态；

（3）水；

（4）人看人；

（5）共享的空间；

（6）自然；

（7）照明、色彩与材料。

体现他这些论点的例子，如 1974 年在旧金山建造的海亚特旅馆；1977年建造的洛杉矶好运旅馆；1977 ~ 1978 年建造的底特律广场旅馆等。这几座旅馆内部都有带玻璃顶棚的庭院，四周空间变化复杂，设施多样，景物宜人。那里有五颜六色的商店橱窗、回廊阳台，有树木花草、雕刻、喷泉和潺潺流水，还有装饰特别的电梯，露明在外，运动于光怪陆离的空间之中，令人感到仿佛置身于童话世界。

贝聿铭是创造新颖空间较有成就的另一位建筑师，他在华盛顿国家美术馆东馆（图 6-27）的设计中表现了空度的技巧。东馆自 1969 年接受任务书到 1978 年 6 月 1 日建成开幕，前后共10 年时间。由于馆址是选择在国会前林荫广场的一侧，用地呈梯形，面积 3.64 公顷，西边紧邻 1941 年建造的旧馆。为了使新馆适应地形，又要与旧馆的新古典建筑形式相协调，贝聿铭大胆地将东馆平面分成两个三角形，一个直角的，一个等腰的，二者再由一个有玻璃顶棚的公共大厅组合起来成整体，达到与周围环境吻合的地步。他按功能的要求，把等腰三角形的部分设计为展览馆，直角三角形的部分用作研究部。建筑物总高七层，另有两层地下室，所有房间或公共空间的平面全呈三角形或棱形构图，空间序列穿插交错，造成复杂含混的视觉效果。在大厅和某些公共空间还种植树木，引进室外自然气氛。东馆的外观也不落俗套，既有水平庄重的古典风度，又有新颖构图变化，19° 的研究部尖角锋利逼人。起伏强烈的外形，深凹的入口，则使人感到愕然起敬。这些艺术手法的渲染力确实达到了美术馆设计的预期效果。

图 6-27  华盛顿  国家美术馆东馆

### 6.4.8 后现代主义

后现代主义是反现代主义的一种思潮。它最先兴起于 20 世纪的 60～70 年代的美国,主张建筑要吸取历史传统,用新技术来表达变形装饰,并要把历史装饰题材符号化,表达一种隐喻或象征的精神,以丰富建筑的意义,这样便能使专家与群众都感兴趣,它是一种新时期的激进折中主义。

后现代主义建筑思潮的代表人物是美国建筑师文丘里、穆尔和格雷夫斯等人。文丘里作为后现代主义的理论家,曾在 1966 年写过一本书,名叫《建筑的复杂性与矛盾性》;1972 年他又和两个人合写了一本书,叫《向拉斯维加斯学习》。这两本著作是后现代主义建筑的宣言书,主要指导思想是赞成兼容而不排斥,重视建筑的复杂性;提倡向传统学习,在历史遗产中挑选;提倡建筑形式与内容分离,用装饰符号来丰富形式语言。

后现代主义建筑的作品很多,比较著名的有文丘里所作的位于美国费城栗子山的母亲住宅(1962 年,图 6-28);穆尔所作的美国新奥尔良的意大利广场(1978 年,图 6-29);约翰逊所作的纽约电报电话公司(AT&T)总部大楼(1978～1984 年,图 6-30);格雷夫斯所作的美国路易斯维尔市的休曼那大厦(1982～1985 年)等。

图 6-28 费城 栗子山的母亲住宅

图 6-29 新奥尔良意大利喷泉广场

图6-30 纽约 电报电话公司大厦

### 6.4.9 路易斯维尔 休曼那大厦

这是具有文化性的高层建筑代表作之一，设计人为格雷夫斯，建造时间为1985年。大厦位于美国路易斯维尔市，是一座27层的办公楼，另有二层地下停车场。建筑正面朝着俄亥俄河，造型试图与周围原有的低层住宅和高层办公楼协调。大厦是休曼那专用医护器材公司总部的办公楼，第25层为会议中心，下部6层是公用面积和公司主要办公室。25层还有一个大的露天平台，从这里可以俯瞰全城景色。建筑的造型是后现代主义的，它既表达了古典艺术的抽象精神，又体现了现代技术的形象，因此它是双重译码的典型作品。

### 6.4.10 晚期现代主义

这是在20世纪60～70年代与后现代主义同时兴起的另一种建筑思潮，它和后现代主义相反，主张当代建筑要更多地表现时代精神，更多地应用高科技手段和表现形式。晚期现代主义在主张极端科技化与技术统治论的基础上，也有一些不同的表现形式。一是在现代建筑造型基础上的革新，例如美国哈佛大学的建筑学院教学楼（1968～1970年），在简洁抽象造型上极力表现屋顶结构的技术特征；二是光技倾向，应用精练的现代装饰语汇，以丰富空间内涵，例如旧金山海亚特旅馆（1972～1974年），维也纳的蜡烛店（1965年）等；三是新现代派倾向，

图 6-31 莱克维尔 米勒住宅

主张在现代建筑造型基础上加上技术构件装饰，或者用虚构架组成不同层次，以表达晚期现代空间的穿插概念，例如贝聿铭设计的香港中银大厦（1984 ～ 1988 年），又如埃森曼所作的美国康涅狄格州莱克维尔的米勒住宅（1969 ～ 1970 年，图 6-31），又称"住宅 3 号"；四是高技派的新倾向，在内部和外部都表现高科技特色，例如香港新汇丰银行大厦（1980 ～ 1986 年）和伦敦劳埃德大厦（1978 ～ 1986 年）等。

### 6.4.11 香港新汇丰银行大厦

这是高技派高层建筑的代表作品之一，位于港岛市中心区，成为该区最引人注目的建筑。建造时间是 1979 ～ 1985 年。设计人为英国建筑师诺曼·福斯特。大厦共 41 层，总高 180 米。新楼占地面积 5000 平方米，建筑平面近于矩形。全部楼层结构悬挂在两排东西间距 38.4 米的八组组合钢柱上。电梯间、工作间、厕所等服务用房都布置在两排组合柱的外侧。中央部分有很大的使用灵活性，因此可以把底部架空，占三个结构层高度，高约 12 米，形成为开敞的入口门厅，从南北两面街道均可进入，在某种程度上也形成为一个室内广场。两部自动扶梯从敞厅直接与上层营业大厅相连，具有与众不同的迎客方式。大厦有 33 个使用层，分成五组从组合柱上悬挂下来。八组组合柱把楼层平面由南北向分成三个开间，每开间宽 16.2 米。整座建筑外观由垂直钢架与横向钢梁构成显明特征，犹如钢铁巨人，气势磅礴。

### 6.4.12 解构主义

又称之为解体构成派，最初出现在哲学范畴，称为消解主义，1978 年开始引入建筑领域，80 年代后期产生广泛影响。解构主义在建筑艺术上表现出的特点是：

（1）继承了 20 世纪初俄国的构成主义而作了新的发展，主张建筑造型打破传统常规，进行解体重构，以获得新颖形式。

（2）主张共时性，可以不对环境、文脉作出反应。反对顺时性，不受传统文化影响。

（3）重视推理和随机的对立统一，强调疯狂和机会也对设计起重要影响。

（4）对现有规则的约定进行颠倒和反转，主张片断、解散、分离、缺少、不完整、无中心。现在已有一些解构主义的信奉者应用新材料、新技术在设计中使用网格互旋、点阵、构成、衍生、增减等手法进行构图，使造型产生异乎寻常的面貌。

解构主义在建筑创作中的指导思想是主张"非理性的理性"，或"理性的非理性化"。目前它在建筑创作方面大多仍停留在探讨阶段，建成的作品很少。主要代表性作品有屈米在巴黎所作的拉维莱特公园（1983年，图6-32），哈迪德设计的香港顶峰俱乐部方案（1983年），埃森曼所作的"住宅10号"方案（1975～1978年）等。

图6-32 巴黎 拉维莱特公园

综上所述，我们可以看到，在当前多元化的世界中，建筑艺术创作也在沿着多元化的道路发展，建筑艺术的百花园地正在自然科学、技术科学与人文科学的哺育下，越来越展现其迷人的丰姿，使人们在获得物质功能的基础上，进一步获得了艺术上的享受。但是，我们也不能不看到，建筑物总是受到经济、技术、功能与艺术条件的制约，建筑师并不能为所欲为，大量性建筑还是多数沿着现代建筑实用的道路发展。然而，任何建筑思潮和流派最终必然都要经受实践的考验，在竞争中优胜劣败。至于将来结局如何，尚需拭目以待！

## 6.5 当代建筑文化的发展趋势

社会经济的繁荣，科技的突飞猛进，加上文化思想的活跃，促使了当代建筑功能不断复杂，建筑形式日益丰富，这往往使人们眼花缭乱，不知所措。因此人们不禁要问，城市与建筑的未来将会呈现怎样的局面。于是，哲学家、史学家、艺术家、科学家、工程师、建筑师、规划师、建筑理论家都逐步走到一起来了，他们共同探讨着人类所关心的人居环境问题。因为地球的土地是有限的，谁也不能不关心他们的生存环境，谁也不能不关心属于他们自己的家园。

经过多年的辩论与探讨，人们逐步取得了共识，那就是：人类不应该再把自己看成是地球的主宰，而应该是地球大家庭中的一员。残酷征服地球的一切，也就等于毁灭了人类自己。人、建筑、自然环境必须有机共生，这才是人类唯一明智的选择。建筑师与理论家们已纷纷从不同的角度探讨了许多新的建筑课题，在建筑创作实践方面，在建筑思想理论方面，在建筑创作方法方面都取得了一系列的成果，使当代的建筑文化呈现出了历史上从未有过的错综复杂的壮丽画面。这张壮丽的画面里已编织着科技的成就、高度人情化的思想、生态环境意识以及传统文化与创新思潮等等。如果将这些特点的趋向概括起来，可以看出技术、理论、场所、生态四方面因素对建筑创作所起的重要作用。

### 6.5.1 先进技术的全球化倾向

建筑的发展永远离不开物质技术的作用，当代新材料、新结构、新工艺、新设备、新设计方法、新施工方法等等，都为建筑的创新提供了无限的可能性。在这种科技条件下，多种多样的建筑表现形式层出不穷，使人耳目一新，尤其是具有时代特色的技术美学继续得到了充分的发挥。詹克斯鼓吹"现代建筑死亡论"的神话已在事实面前土崩瓦解。实践证明，现代建筑正在高新技术的支撑下不断得到新的发展。尽管有些理论家们为各种建筑风格贴上不同的标签，但是绝大多数的当代建筑师们并不为这些标签所左右，他们的作品主要是为了反映时代的特点与社会的要求。有些建筑物的造型不可能受到某种风格的限制。先进技术的全球化倾向，就像电子科学与计算机一样，不受国界的阻挡。尤其是在 20 世纪 90 年代，我们可以从高层建筑、大跨度建筑、智能建筑、生态建筑、仿生建筑等类型中，看到新的科学技术所创造的建筑奇迹，更可看到新的技术美学观正在新时代中逐渐成长。

1988 ～ 1994 年在日本建造的关西国际机场航站楼，是新技术应用的典型实例之一。它建造在大阪海湾泉州海面上一个距陆地 5 千米，由 4 千米 ×1.25 千米组成的矩形人工岛上，是日本第一个 24 小时运营、年吞吐量约 2500 万旅客的海上机场，总共投资约 1 万亿日元，由于机场的工程浩大，选址特殊而引起举世瞩目。该项任务于 1988 年征集方案，在有福斯特、佩里、屈米、波菲尔及贝聿铭等著名建筑师参加的共 52 个方案的竞赛中，意大利建筑师伦佐·皮亚诺一举获得头奖。皮亚诺方案的特点是将建筑、技术、空气动力学和自然结合到一起，创造了一个生态平衡的整体。

航站楼的外部造型像是一架停放在绿地边缘的"巨型飞机"，并有两条绿带从建筑内部穿过，具有浓厚的表现主义特征。皮亚诺解释说，这是他出于对无形因素的考虑，即注重的是光、空气和声音的效果。在关西机场候机楼的设计中，其屋顶形式则是由"空气"这种无形因素决定的，因为它遵循了风在建筑中循环的自然路径，如同在软管中的水流，而结构正是因循这条曲线而构成的。从有轨电车站上面的玻璃顶，到候机楼入口的雨篷，然后到楼内的大跨度屋顶，呈波浪状地有韵律地多次起伏，最后与延伸到两翼的 1.5 千米长的登机廊的屋顶曲线自然地连成一体。主要的候机楼屋顶跨度为 80 米，轻质的钢管空间桁架由双杆支撑，并共同构成一个栱形作用的角度，从而获得了结构上的效率及侧向的抗震力（图 6-33）。整座建筑的底层面积达 90000 平方米，共有 41 个进出口，并有 33 个登机门。皮亚诺设计的这座大跨度建筑力图让人们同他一样地相信："这座建筑或许会成为 20 世纪末最杰出的成就"。

图 6-33 大阪 关西国际机场候机楼

1992 年在挪威哈默尔建成的冬奥会滑冰馆（图 6–34、图 6–35）可以说是一首木结构的诗篇。设计单位是挪威两家建筑设计事务所（Biong & Biong A/S+ Niel Torp）。滑冰馆总建筑面积达 22000 平方米，平面为适应比赛需要而设计成椭圆形。建筑师为了使这座庞大的建筑物获得轻快的感觉，采用轻型木结构网架体系。由于其构件细巧，在室内光带的衬托下，能产生"飘浮在空中"的效果。从空中俯瞰，屋顶形式就像挪威古代海盗船的底部外壳。三层叠落的屋面和中央屋脊不仅丰富了建筑的外观，而且可以构成一条条弧形的采光带，有效地解决了大空间内部的通风和采光问题。屋顶结构由 19 榀木拱架构成，共有 10 种跨度，最大跨度超过 100 米，每榀拱底距地面高度亦不一样。每榀木拱架都经过特殊化处理，其表面涂有防火和耐蚀性涂料，以提高结构的持久性。建筑体形新颖，富有动感，屋面还在合金板上涂有一层微妙的蓝色乙烯基涂料，与周围天空、湖水相映，显得格外和谐秀美。

图 6–34 哈默尔 冬奥会滑冰馆

图 6–35 哈默尔 冬奥会滑冰馆内景

1994 年在法国马赛市落成的地区政府中心大厦，是阿尔索普和斯托莫尔建筑事务所的新作，整座建筑完全根据智能要求进行设计，达到了办公自动化、通讯自动化与设备自动化的要求（图 6-36）。建筑造型就像一座钢结构的抽象雕塑，它并没有刻意去表现某种建筑风格，而其新颖的形式已反映了高度智能化的内涵，成了高技术极具表现力的标志，也再度为建筑创作开辟了新路。

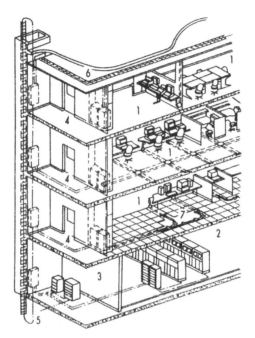

1—办公室（会议室及工作站）

2—计算机及前端处理机用房区

3—数字型专用式电话分组交换机及局域
　　网、配线盘用房区

4—设备机房区

5—局域网络配线

6—吊顶内配线

7—双层地板内配线

图 6-36　智能办公楼示意图

图 6-37　东京　国际文化信息中心内景

1989 ～ 1996 年建成的东京国际文化信息中心（图 6-37）是 90 年代的一件国际名作，它的技术美学效果更是震撼人心。美籍阿根廷建筑师维尼奥里将整个建筑群用一排 4 幢会议楼和一座高大的梭形玻璃大厅组成，在两栋建筑之间是狭窄的露天广场。广场里面种有高大的榉树，这样便大大缓和了超人的结构和自然界的矛盾，同时也说明了人类对技术与自然的钟爱是永恒的。

1994 年在法国里昂落成的机场铁路车站，则可谓是仿生结构的杰作，它是西班牙建筑师卡拉特拉瓦的作品。由于他在瑞士苏黎世工业大学曾接受过结构和建筑两方面的专业训练，因此，他不仅是建筑学的博士，而且也具有最新的结构知识。他近期的一些建筑大部分都借鉴了仿生结构原理，取得了异乎寻常的效果。机场铁路车站仿照飞鸟展翅的结构形体，不仅具有轻盈的美感，而且也展示了新技术的有机性与全球性。

### 6.5.2　建筑理论的多元化倾向

当代错综复杂的建筑文化必然导致建筑理论多元化倾向。"一言堂"的权威已成历史，群星灿烂正是当代建筑师队伍的真实写照。为了在激烈的世界建筑市场中争得自己的位置，他们不得不标新立异，表现自己的新理论和独特的建筑风格。于是古典复兴派、新现代派、简洁派、前卫派、新表现派、解构派、高技派、生态派、仿生派，以及建筑类型学、建筑现象学、行为建筑学等等学派与理论不断出现。在这些流派中，许多代表人物已成为近些年来普利兹克奖（"建筑界的诺贝尔奖"）的获得者，说明他们的创新成就已为社会所承认。自从 1979 年在建筑领域中设立世界性的普利兹克奖以来，至今总共有 22 名得主，其中倾向于后现代派的有 4 人，新现代派（包括简洁派、前卫派、表现派）的有 11 人，当代乡土派的有 2 人，新理性主义的有 2 人，解构派的有 1 人，高技派的有 2 人。它标志着世界人民日益重视地区建筑文化的创新，和进一步发扬现代建筑的科学成就。

近 10 年来，我们可以看到这些普利兹克奖的获得者，都是以其独特的成就受到举世瞩目的。

1989 年普利兹克的获奖者弗兰克·盖里（1929 年生，美国）是解构建筑师中较有成就的代表人物之一，他的杰作是于 1997 年在西班牙毕尔巴鄂新建成的古根海姆博物馆，不仅造型如同抽象雕塑，而且功能与空间也适应需要，成了建筑艺术史上的一座里程碑。

1990 年的获奖者阿尔多·罗西（1931～1997 年，意大利）是新理性主义的代表人物，建筑类型学的倡导者，他主张从原型中吸取建筑创作灵感，并应用构件元素进行设计，因此创造了一批富有严谨性格的新理性建筑，比较有代表性的例子如 1979 年在威尼斯建造的水上剧场，1989 年在意大利热那亚所作的卡洛·菲利斯剧院等等。

1991 年的获奖者文丘里（1922 年生，美国）是后现代主义的代表人物，他在 1983 年所作的普林斯顿大学的胡应湘堂（图 6-38），1991 年在西雅图建的艺术博物馆都是后现代建筑的名作。

1992 年的获奖者阿尔瓦罗·西扎（1933 年生，葡萄牙）是新现代建筑的杰出人物，1994 年在西班牙圣地亚哥建造的艺术博物馆就是其著名的作品之一。

1993 年的获奖者槙文彦（1928 年生，日本）是新现代派的杰出人物之一，他的作品遍及海内外，而且设计竞赛频频得奖。他的作品如

图 6-38　普林斯顿大学胡应湘堂

图 6-39　慕尼黑　伊萨·比罗智能型办公楼　　　　图 6-40　巴黎　音乐城

1993～1995 年在德国慕尼黑建造的伊萨·比罗智能型办公楼（图 6-39），1993～1994 年在日本鹿儿岛建的音乐厅都享有盛名。

1994 年的获奖者包赞巴克（1944 年生，法国）也是新现代建筑的重要人物，他的著名作品如 1988～1990 年建造的巴黎音乐学校，1990～1995 年建造的巴黎音乐城（图 6-40）都颇具特色。

1995 年的获奖者安藤忠雄（1941 年生，日本）也是新现代建筑的代表人物之一。他的近期名作如 1992 年在西班牙塞维利亚博览会上的日本馆、1990 年建的日本兵库县水下佛寺都为世人所熟知。

1996 年的获奖者拉斐尔·莫尼欧（1937 年生，西班牙）是新理性建筑的重要人物之一。他的名作如 1980～1985 年在西班牙梅里达建的罗马艺术博物馆，1989～1993 年在美国麻省韦尔斯利建的戴维斯博物馆，均具有相当的影响力。

1997 年的获奖者斯韦勒·费恩（1924 年生，挪威）是北欧当代乡土派的重要人物，他的名作如 1991 年建的挪威格拉西尔博物馆（冰川博物馆），1922 年在瑞典建造的假日别墅都很受公众关注。费恩曾得益于柯布、密斯和赖特的经验，他说："我们要用材料作为创作的词汇，正是应用这些木头、混凝土、砖头，我们可以写成不同于结构的建筑历史，并且把结构赋予诗意。"

1998 年的获奖者伦佐·皮阿诺（1937 年生，意大利）是高技派最有代表性的人物之一，他的近作如 1988～1995 年在日本大阪建成的关西国际机场、1998 年在瑞士巴塞尔建成的比耶勒博物馆都是既强调技术性能，又发挥了生态美学效果的作品。

1999 年的获奖者诺曼·福斯特（1935 年生，英国）也是高技派最有代表性的人物之一，他的代表作是香港新汇丰银行大厦，其近期的著名作品有德国法兰克福的商业银行大厦（1997 年建成），香港新机场（1998 年建成）等。这些作品都把高技术的特色表达得淋漓尽致。

除上述的普利兹克奖获得者在建筑领域中所取得的各种成就以外，我们也不能忘记先前获奖者的贡献，尤其是 1984 年的获奖者理查德·迈

图6-41 巴塞罗那艺术博物馆

耶（1934年生，美国）于1997年在洛杉矶建造的盖蒂中心、于1996年建的巴塞罗那艺术博物馆（图6-41）都是新现代派的代表作品。

### 6.5.3 场所精神的地域化倾向

现代派建筑在经过20世纪30年代国际式的潮流以后，已使广大建筑师普遍感到建筑个性与意义的丧失，因此，不少有识之士早就开始寻找新的出路，赖特的"有机建筑"、阿尔托的"人情化建筑"就是早期探讨建筑环境特色与建筑个性的典范，为后来建筑的发展做出了启示。60年代后，新乡土派、后现代派与新理性主义分别从各自的角度出发，提出了重返乡土与场所复兴的理论，使当代建筑师们，尤其是发展中国家的建筑师们摆脱了千篇一律的国际化模式，可以有机会在应用现代技术的基础上，发挥地区文化的特色与建筑师的创造才能。这种场所精神已越来越为世界人民所共识，它能体现建筑环境的意义、地区文化的传统，以及物质文明的个性化特征。

意大利的阿尔多·罗西、德国的昂格尔斯、卢森堡的克里尔兄弟、瑞士的博塔、西班牙的拉斐尔·莫尼欧、挪威的斯韦勒·费恩、埃及的哈桑·法赛、印度的柯里亚、丹麦的伍重、希腊的波费里奥斯、墨西哥的巴拉干、美国的文丘里、摩尔、斯蒂文·霍尔等人都在创造新场所精神方面做出了杰出的贡献。其中比较著名的例子有博塔于1995年在法国创作的伊夫里教堂、1977年在瑞士所建的提契诺中学（图6-42），昂格尔斯于1995年在华盛顿所作的德国驻美大使馆，柯里亚于1992年在印度新德里建造的英国文化协会，与在印度浦那市所建的天文研究中心，巴拉干于1968年在墨西哥城所建的伊格尔斯托姆住宅，冈萨雷斯于1992年在墨西哥城建造的高等法院大厦（图6-43），波费里奥斯于1996年

图 6-42　提契诺中学

图 6-43　墨西哥城　高等法院大厦入口

在希腊斯皮特塞斯所建的居住新村，霍尔于 1997 年所作的美国西雅图大学教堂、1992 年在德克萨斯州达拉斯市所建的斯特雷托住宅等，它们都是具有场所精神和地域特色的佳作。同时，他们还在创造建筑的地域性过程中，努力做到具有时代感和与生态环境的有机结合，使这种场所精神更具有新的涵意，基本做到了乡土建筑的现代化，而又不失传统建筑文化精神。为此，斯蒂文·霍尔曾极力主张应用现象学理论指导建筑创作。而在建筑现象学与场所精神方面的理论家，则首推挪威的诺伯格·舒尔茨，他的名著《场所精神——迈向建筑现象学》一书，更是在提倡场所精神与建筑现象学方面起到了重要的作用。按照他的解释，场所精神就是有文化内涵的空间环境，并具有一定的地域特点，正是这种场所精神才可以区别于千篇一律的国际式风格。

### 6.5.4　建筑环境的生态化倾向

随着全球环境的日益恶化，人类不仅已开始自觉地提出了要保护环境，更提出了要在建设中重视生态环境的平衡。为了达到这一目的，就必须在城市与区域规划建设中做到整体有序、协调共生，否则，盲目建设必然带来不堪设想的后果，前车之鉴已无需赘述。因此，重返自然，建筑与自然环境的协调发展已逐渐排上议事日程。早在 20 世纪 60 年代，美籍意大利建筑师索勒瑞就提出了生态建筑学的新概念，接着他就在亚利桑那州进行了小规模的生态建筑试验，并于 1968 年提出了巴贝尔 2 号规划方案，设想规划一座 600 万人口的生态城市，采用能容纳 15000 人的生态居住单元进行组合，以保持城市内有足够的自然景观和活动空间。70 年代以后，生态环境概念在景观规划领域得到了较大的发展。而只有到了 90 年代，建筑的生态设计意识与城市生态学才真正为广大建筑师与规划师所重视，绿色建筑的创作和有效利用自然资源（如太阳能、自然通风、节能技术、材料循环利用等）的设计技术已陆续推开，仿生建筑的设计技术也得到了社会的关注。这些新的观念不仅改变了一成不变的建筑创作思想，而且为建筑与环境共生及可持续发展创造了条件（图

6-44）。现在人们已越来越盼望着回归自然，努力探讨着符合自然生态的城市与建筑环境，为人居环境学的新观念与一切"新城"的规划建设奠定了理论基础，现在提倡的花园城市、山水城市、生态城市已成为人们追求的目标。

目前，在建筑生态设计与城市生态规划方面的研究课题已日益取得成效，比较有代表性的例子如德国法兰克福的商业银行大厦（图6-45），它利用中部三角形的露天中庭与每边间隔的空中花园，不仅有效地解决了通风与节能问题，而且也为工作人员提供了方便的休息场所，使绿色的自然环境渗透到生硬的建筑之中，形成了有机的融合，为高层建筑结合生态设计做出了榜样。由建筑师杨经文于1994年在马来西亚槟榔屿设计建造的MBF生态住宅楼、1992年在马来西亚雪兰莪州建造的梅纳拉商厦（图6-46），则是考虑热带气候所需的通风条件，将建筑物上部挖成几处空间，既有利于季风畅通，又可兼作空中花园，供居民休息，而且也使建筑造型能产生新颖效果。此外，在美国加州于1988年建的圣罗莎旅游中心则充分将建筑与自然环境融为一体，并且对建筑物内部的通风系统进行了科学的设计，因而取得了使用功能与生态环境的有机结合，同时也呈现了生态美学的效果。

建筑环境不仅要依赖单体建筑的生态设计来进行改善，更重要的是还要在城市总体规划与群体设计中奠定生态观念，它不仅能改善城市物理环境，而且可以在景观与美化方面取得宜人的效果。目前在许多城市已有不少成功的经验，例如美国德克萨斯州欧文市由SWA事务所所作的威廉广场景观设计，不仅构思巧妙，而且群马雕像栩栩如生，使人过目难忘。又如美国德州圣安东尼奥市国家

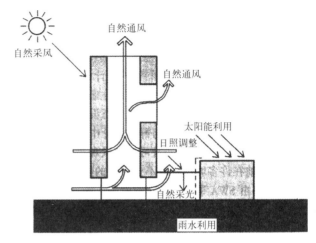

图6-44　建筑生态设计示意图

图6-45　法兰克福　商业银行大厦

银行前的商务广场，水景、绿化、城市水面与道路广场的有机结合，构成了一片迷人的景观，使城市居民生活在活动行为与审美情趣两方面都能获得舒适感。

从上述的分析中，我们可以看出，当代世界的建筑文化就像一株茁壮成长的大树，它分出两支主干：一支是在科学技术的基础上，沿着全球化的方向发展；另一支则是在传统文化与场所精神的基础上，沿着地域化的方向进行变革。这两支文化主干是共生和互补的，同时也在不断交融中继续得到发展和创新，这就是当代世界建筑文化发展的总趋势。

图6-46 雪兰莪州 梅纳拉商厦

# 第 **7** 章　21世纪初的中国建筑艺术新成就

自从中国改革开放以来，建筑业随着整个国民经济的发展已得到了迅猛的变化，尤其是在21世纪又进入了一个新的高潮，不仅在规模上，还是在造型艺术方面都已突破了传统的局限，标志着新时代的特征，其中在北京、上海等特大城市表现得尤为明显。典型的例子如中国国家大剧院、CCTV新楼、2008北京奥运会场馆、2010的上海世博会展馆以及上海不断出现的超高层建筑，都是举世瞩目之作。

## 7.1　北京国家大剧院

国家大剧院位于北京天安门广场之西，人民大会堂西侧，长安街南面。剧院由主体建筑及附属设施组成，其中包括南北两侧的水下长廊、人工湖、停车场及绿地，总占地面积为13.89万平方米，主体建筑面积10.5万平方米，地下附属设施6万平方米，总造价为31亿元人民币。大剧院高46.68米，比人民大会堂略低了3.32米。设计人为法国建筑师保罗·安德鲁，设计单位是法国巴黎机场公司。

中国国家大剧院方案是在国际投标中选的方案，国际竞赛共有36个单位69个方案参加角逐，最后在1999年7月被最终选定为建设方案。该方案在建设过程中虽经过多重波折，但最后仍基本按原方案进行了建设，它是我国最大、也是在国际上颇具影响的一座剧院建筑。

国家大剧院的外部为钢结构壳体，呈半椭球形，平面投影东西方向轴长度为212.20米，南北方向短轴长度为143.64米，建筑物基础最深部分达到−32.5米，有10层楼那么高。国家大剧院壳体由18000多块钛金属板拼接而成，面积超过了30000平方米。钛金属板经过特殊氧化处理，其表面金属光泽极具质感，且15年不变颜色。中部为渐开式玻璃幕墙，由1200多块超白玻璃巧妙拼接而成。椭球壳体外环绕人工湖，湖面面积达3.55万平方米，各种通道和入口都设在水面之下。行人需要从一条80米长的水下通道进入演出大厅。

国家大剧院造型新颖、前卫，构思独特，是浪漫与现实的结合，它一扫过去的传统设计理念，创造了新世纪超越想象的"湖中明珠"。它的造型既不与天安门、人民大会堂相冲突，而且是以新时代的科技新形象亮相于周围的传统建筑之中，显得别致而有雅韵。但是建设并非一帆风顺，思潮总会有不同意见，争论在所难免，不过，国家大剧院的功能、设备、音响使用效果总可以说是国际一流的。

图 7-1　北京　国家大剧院

国家大剧院内有四个剧场，中间为歌剧院，东侧为音乐厅，西侧为戏剧场，南门西侧是小剧场，四个剧场既完整独立又可通过空中走廊相互连通。另外其内部还有许多与剧院相配套的设施。

安德鲁的方案在获选为最终的国家大剧院建设方案后，曾感慨地说："我想打破中国的传统，当你要去剧院，你就是想进入一块梦想之地。""中国国家大剧院要表达的，就是内在的活力，是在外部宁静笼罩下的内部生机。一个简单的'鸡蛋壳'，里面孕育着生命。这就是我的设计灵魂：外壳、生命和开放。"然而，早在 20 世纪 50 年代，中国政府对长安街的规划就设想了国家大剧院的建设，周恩来曾批示到，地址"在天安门以西为好。"最后因财政原因没有实施。该项工程直到 2007 年 9 月才全部建成。

国家大剧院是国家兴建的重要文化设施，也是一处别具特色的景观胜地。作为北京新十六景之一的地标性建筑，国家大剧院造型独特的主体结构，一池清澈见底的湖水，以及外围大面积的绿地、树木和花卉，不仅极大地改善了周围地区的生态环境，更体现出来人与人、人与艺术、人与自然和谐共融、相得益彰的理念。剧院壳体外围环绕着水面荡漾的人工湖，如同一面清澈见底的镜子，波光与倒影交相辉映，共同托起中央巨大而晶莹的建筑。人工湖水池采用水循环系统去除浊物，冬季不结冰，夏季不长藻。人工湖四周是总面积达 3.9 万平方米的绿化带，绿荫隔断了长安街上的喧嚣，形成了一片身处市中心的大型文化休闲广场，并具有秀丽水景（图 7-1）。

## 7.2　中央电视台总部大楼（CCTV）

中央电视台新台址位于北京市朝阳区东三环中路（原"北汽摩厂址"），紧临东三环。央视新大楼地处 CBD 核心区，占地 197000 平方米。总建筑面积约 55 万平方米，最高建筑 234 米，共 33 层，工程总投资预算约50亿人民币。建设内容主要包括：主楼（CCTV）、电视文化中心（TVCC）、服务楼及媒体公园。项目建成后，中央电视台具备200个节目频道的播出能力。

该建筑由世界著名建筑师、荷兰人雷姆·库哈斯担任主建筑师，荷兰大都会建筑事务所（OMA）负责具体设计。CCTV大楼主要由两部分功能组成，即五星级酒店和电视文化中心。大楼的四、五层内设酒店大堂及餐厅、商店、游泳池等公共活动场所。大堂上部南北两侧为300间客房合围成的中庭，主楼顶部为酒店的风味餐厅。美国《时代》周刊曾评选出2007年世界十大建筑奇迹，中央电视台总部大楼名列其中。目前该楼已成为北京的新地标。

央视新台的建造过程是漫长的。2001年3月开始立项申请，2002年国家发改委正式批复同意。2004年9月22日工程正式开工，采用了OMA事务所/雷姆·库哈斯和奥雷·舍人的设计方案。原计划在2009年启用，但是由于元宵节大火波及，该楼在2010年才完成与中央电视台的交接，2012年正式交付使用。工程预算最初为50亿，最后一路攀升至近200亿。并且支付给设计方大都会建筑事务所的设计费就高达3.5亿，远远超过了国内一般设计事务所的水平。

电视台主楼造型奇特，总部大楼的两座塔楼双向内倾斜6度，在163米以上由"L"形悬臂结构连为一体，建筑外表面的玻璃幕墙由强烈的不规则几何图案组成，造型独特、结构新颖、高新技术含量大，在国内外均属"高、难、精、尖"的特大型项目。由于这座建筑技术难度大，而且存在着追求一些不科学的视觉效果，因此北京人也曾调侃地称之为"大裤衩"。这一绰号也多少反映了该建筑在一般人心目中的印象：新奇而又怪异。被称为"好看难建"的央视大楼在2004年10月21日动工。该新大楼的安全也一直备受关注。由于大楼设计过于复杂，全楼先天性倾覆力巨大，抗冲击破坏力差。为此，设计单位曾作了安全考虑。

据设计师介绍，央视大楼的结构是由许多个不规则的菱形渔网状金属脚手架构成，这些菱形块是为了调节受力的工具。大楼外面采用特种玻璃，其表面被烧成灰色瓷釉，能更有效遮蔽日晒，并适应北京的空气质量环境。实际上，在空气质污染很严重的日子里，这种玻璃就像融化在空气中似的，人们只能看到大楼的网状结构，仿佛闪电被凝固在空中。

总之，这座建筑也已成了北京21世纪以来的新地标（图7-2）。

图7-2　北京　中央电视台

## 7.3　北京 2008 奥运会场馆

为了北京 2008 奥运会的顺利召开，北京在 2008 年前曾新建了一批奥运会的新场馆，其中最为突出的有三项：国家体育场（鸟巢）、水立方（游泳馆）、球类比赛馆。这三项工程都表现了新技术、新理念、新艺术形式的杰出成就。以下就将三项工程作一些简要分析。

### 7.3.1　国家体育场（鸟巢）

位于北京奥林匹克公园，主要用作田径、足球比赛及一切集会活动。该项工程于 2003 年 12 月 24 日开工，直到 2006 年才竣工。它是第 29 届奥运会的主场馆，位于北京城市中轴线北端东侧。建筑面积 25.8 万平方米，用地面积 20.4 万平方米。2008 年奥运会期间，"鸟巢"承担了开幕式、闭幕式、田径比赛、男子足球决赛等赛事活动，能容纳观众 10 万人，其中临时座席 2 万席。奥运会后，可容纳观众 8 万人，可承担特殊重大体育比赛、各类常规赛事以及非竞赛项目，并成为北京市提供市民广泛参与体育活动及享受体育娱乐的大型专业场所。

国家体育场的设计方案，是经全球设计招标产生的，由瑞士的赫尔佐格和德梅隆设计事务所、奥雅纳工程顾问公司及中国建筑设计研究院共同合作完成的"鸟巢"方案。该设计方案主体由一系列辐射式门式钢桁架围绕碗状座席区旋转而成，空间结构科学简洁，建筑和结构完整统一，设计新颖、结构独特、为国内外特有建筑。只是该建筑为了造型新颖而在用钢量和造价方面略嫌偏高，但其社会价值与艺术价值已为其提供了补偿。

"鸟巢"的形态如同孕育生命的"巢"，它更像一个摇篮，寄托着人类对未来的希望。设计者们对这个国家体育场没有做任何多余的处理，只是坦率地把结构暴露在外，因而自然形成了建筑的外观。

（1）"鸟巢"的基本情况

体育场外壳采用可作为填充物的气垫膜，使屋顶达到完全防水的要求，阳光可以穿过透明的屋顶满足室内草坪的生长需要。比赛时，看台上可以通过多种方式进行变化的，可以满足不同时期不同观众量的要求，奥运期间的 20000 个临时席位分布在体育场的最上端，且能保证每个人都能清楚地看到整个赛场。入口、出口及人群流动，通过流线区域的合理划分和设计得到了完美的解决。

（2）"鸟巢"的外形结构

"鸟巢"外形结构主要由巨大的门式钢架组成，共有 24 根桁架柱。国家体育场建筑顶面呈鞍形，长轴为 332.3 米，短轴为 296.4 米，最高点高度为 68.5 米，最低点高度为 42.8 米。全部建筑均首次使用 Q460 低合金高强度钢材。

（3）"鸟巢"的屋顶

滑动式的可开启屋顶是体育场结构中的重要组成部分。当它合上时，

图 7-3　北京 "鸟巢"

体育场将成为一个室内的赛场，如同一个容器的盖子，不管屋顶是闭合还是开启，它都是建筑物的基本组成部分。除了一些特定的结构需要外，可开启屋顶的结构基本上也是一个网络状的架构，装上充气垫后，成为一个防水的壳体。

整个体育场结构的组件相互支撑，形成网格状的构架，外观看上去就仿若树枝组成的"鸟巢"，其灰色矿质般的钢网以透明的膜材覆盖，其中包含着一个土红色的碗状体育场看台。在这里，中国传统文化中镂空的手法、陶瓷的纹路、红色的灿烂与热烈，与现代最先进的钢结构设计完美地相融合在一起。整个建筑通过巨型网状结构联系，内部没有一根立柱，看台是一个完整的没有任何遮挡的碗状造型，如同一个巨大的容器，赋予体育场以不可思议的戏剧性和无与伦比的震撼力。"鸟巢"不仅为 2008 年奥运会树立一座独特的历史标志性建筑，而且在世界建筑发展史上也具有开创性的意义（图 7-3）。

### 7.3.2　国家游泳中心（水立方）

国家游泳中心（水立方）也是 2008 年北京奥运会的重点项目之一。已于 2008 年 1 月 28 日竣工并交付使用。

据介绍，"水立方"是国内首个采用 ETFE 气枕结构的场馆，是世界上建筑面积最大、功能要求最复杂的膜结构场馆。"水立方"是唯一一个由港澳台侨的同胞捐资建设的 2008 年奥运会比赛场馆，拥有座位 17000 个，其中永久座位 6000 个，临时座位 11000 个。北京奥运会期间，"水立方"承担了游泳、跳水、花样游泳等比赛。奥运会后"水立方"被改造成为以水为特色，集运动培训、文化娱乐、健身休闲等功能于一身的国际化时尚中心。"水立方"被誉为最"酷"的奥运会比赛场馆。因为设计构思奇特，这做外墙呈半透明蓝色的场馆看起来像个大水泡，是世界上建筑面积最大、功能要求最复杂的膜结构场馆。"水立方"设计人是澳大利亚 PTW 建筑设计公司的设计师约翰·保利娜。"水立方"

图7-4 北京 "水立方"

图7-5 北京 国家体育馆

的造价超过2亿美元。其中1.1亿美元的建造费用来自香港、澳门和台湾的捐款。夜晚也许会是"水立方"最美的时候。发光二极管系统将这个竞技场的里里外外都变成活力四射、色彩缤纷的万花筒（图7-4）。

### 7.3.3 国家体育馆

2008年北京奥运会中三大主场馆之一的国家体育馆于2008年4月28日通过竣工验收。国家体育馆南北长约335米，东西宽约207.5米，地上四层，地下一层，总建筑面积为8.09万平方米，占地6.78公顷，建筑物高度为42.27米，是目前国内设施最先进、功能最完善的体育馆之一。北京奥运会期间，国家体育馆承担体操比赛、手球决赛和残奥会轮椅篮球赛等比赛。整个体育馆可容纳观众19000人。关于奥运会后的利用，主要可承担各类室内体育比赛、音乐会、水上表演或杂技、马戏等活动，并可兼顾开展市民室内体育锻炼、娱乐活动。此外，国家体育馆还安装了19000平方米的明框幕墙、点式幕墙和铝板玻璃等3种中空Low-E玻璃。这种玻璃不仅具有美观效果，而且更具有保温、隔热、防紫外线等效果。整个场馆内的设施消声也很好，即使室外是倾盆大雨，室内也几乎不会听到任何噪声（图7-5）。

## 7.4 2010上海世博会

上海世界博览会是21世纪在中国展现的世界新建筑成就的一次盛会，地点位于上海浦东，它成为2010年世界瞩目的焦点。在这次博览会中，德国、法国、英国、美国、加拿大、沙特、丹麦、意大利等国家都以其独特的场馆形式吸引着观众。在众多的场馆中，中国国家馆更是一枝独秀，具有独特的魅力。

图7-6 上海 世博会中国馆

## 7.5 中国国家馆

该场馆设计的主题是：城市发展中的中华智慧。设计团队阵营强大：主要建筑设计师何镜堂教授；展示总设计师：中央美术学院院长潘公凯；展示设计总监：中央美术学院教授黄建成；展示创意总监：台湾策划人姚开阳；展示影像艺术总监：导演陆川。

中国国家馆外观"以东方之冠，鼎盛中华，天下粮食，富庶百姓"的构思主题，表达中国文化的精神气质。展馆的展示以"寻觅"为主线，带领参观者行走在"东方足迹"、"寻觅之旅"、"低碳行动"三个展区，在"寻觅"中发现并感悟城市发展中的中华智慧。展馆外形为一个"斗"形，上大下小，层层悬挑，外观呈红色，有隐喻斗栱之意。

展馆共分三层，展示总面积达15000平方米（图7-6）。

### 7.5.1 49米层展厅——奇观体验与"国宝"亮相

搭乘电梯，观众可以直奔49米上层，这所展馆最高、最大的展层，也是核心展示层"东方足迹"，面积达8500平方米。"发展"和"时空转换"为该层的两个核心展示特点。

一个超常规的影厅是上层的点睛之处。在这里，主题影片将在不同的空间里同时展现，前、左、右三面大银幕包围着观众。影片时长8分钟，但不同空间放映的累积内容时长达到24分钟，提高视觉冲击力，以汇聚、建设和感悟着手，诗意地展现了改革开放30年来中国在城市化进程中所作的努力和成就。

走出展厅，观众马上会被另一件"宝贝"所吸引——放大了数百倍的张择端的名作《清明上河图》（图7-7）。巨幅画卷以让人细细

图7-7 上海 世博会中国馆内景

品味，画中人物还会以一种奇特的方式呈现在人们眼前。作者表示："我们要把它做得有趣，好玩，既有思想又有内容，寓教于乐。"

### 7.5.2　41米层的展厅

结束了49米上层的参观，观众将来到41米的中层，经历动感体验。中层面积3500平方米，被誉为是充满惊喜的"智慧之旅"。梦幻的轨道车，是中层的主打项目。中国国家馆的这段"骑乘"还能让人领略半抽象、诗意化的参观效果。

在约10分钟的"骑乘"旅途中，中国传统城市营建的智慧被展现得淋漓尽致。木结构建筑、栱桥、庭院、园林、斗栱、砖瓦等成为沿途观赏的亮点。

### 7.5.3　33米层展厅——互动展项，畅想未来

33米的下层展厅"绽放的城市"面积约3400平方米，被赋予了"未来畅想"的功能。该层的环境设计颇有讲究，以白色为基调的展厅被打造成流线型，配以光影的勾勒，风格简洁、舒展又不失高雅。

如果说，前两层是回顾中国城市发展的历史，那么这一层，则是对未来20年发展的展望。在这里，观众可以充分发挥想象力，参与到有趣的互动项目中，一起畅想未来的城市生活。整个中国馆的亮点是在各种材料色彩中精心挑选出的"中国红"。正是用它统一了整个中国馆的格调与风格。

## 7.6　超高层建筑的不断兴建

21世纪在经济振兴的带动下，不仅建筑业得到迅猛的发展，而且在超高层建筑的兴建方面也令人感到始料不及的热潮，尤其是在一些大城市更是达到了疯狂的地步，都在竞争着全国第一或者世界最高摩天楼的桂冠。继1998年上海浦东建造了88层的金茂大厦之后，到21世纪初，台北已建造了101大厦，上海也建造了环球金融大厦，并正在建造上海中心大厦，至于在其他各地如长沙、武汉、苏州、南京等地，也都在酝酿着建造100层以上的摩天楼，这些建筑不仅将成为新时期的地标，而且也将成为新时期建筑发展的标志。

### 7.6.1　台北101大厦

又称之为国际金融中心（Taipei Financial Center）大楼，由台湾建筑师李祖原及其团队设计，KTRT团队建造。在2004年12月21日宣布完工后，直至2010年1月4日位于阿联酋的迪拜塔完工为止，曾有5年又3天位居"世界第一高楼"的记录。101大楼高达508米，总建筑面积37万平方米。地下5层，第27至90的64层中，每8层为一节，

一共 8 节；这 8 层所组成的倒梯形方块形象来自中文的"鼎"字；而向上开展花蕊式的造型，象征中华文化节节高升及蓬勃发展的经济；裙房顶楼的采光罩，外形就是中国的"如意"。24 至 27 层的位置有直径近四个楼层的方空圆形古钱币造型；此外还有处处可见的中国传统风格语汇（图 7-8）。

### 7.6.2　上海环球金融中心

又称之为 SWFC（Shanghai Global Financial Center），位于上海市浦东陆家嘴金融贸易区 Z4-1 号地块。该大厦于 1997 年年初首次开工，后遭 1997 年亚洲金融危机停工，于 2003 年 2 月工程复工，至 2008 年 8 月 29 日竣工。用地面积共 30000 平方米，建筑面积为 381600 平方米。建筑层数为地上 101 层，地下 3 层，建筑总高度为 492 米。建筑总造价为 73 亿人民币，投资单位是森海外株式会社（Forest Overseas Co., Ltd.），建筑设计单位是 KPF 建筑师事务所与上海现代建筑设计（集团）有限公司、华东建筑设计研究院有限公司。

图 7-8　台北　101 大厦

这座建筑原设计高 460 米，但由于当时中国台北和香港都已在建 480 米高的摩天楼，超过环球金融中心原设计高度。由于日本方面兴建世界第一高楼的初衷不变，对原设计进行了修改。修改后的环球金融中心比原来增加 7 层（32 米），即达到地上 101 层，地下 3 层。

上海环球金融中心是陆家嘴金融贸易区内一幢摩天大楼，就现在而言，它是中国大陆第一高楼、世界第三高楼，遥看宛如一把挺拔锋利的剑劲插在浦东大地。大楼内由商场、办公楼及上海柏悦酒店构成。94 至 100 层为观光、观景设施，是来访上海的必经之地。大厦内租户多为世界 500 强公司。（图 7-9，图 7-10）

楼面介绍：

（1）售票大厅：在地下一层售检票区域内，让你在进去观光厅的第一时间便体验到一个全新的梦幻世界。

（2）94F 观光大厅：高 423 米，面积约为

图 7-9　上海　环球金融中心外观

图 7-10 上海 环球金融
中心空中廊道

750 平方米，挑高 8 米，除了可以一览新旧上海风貌之外，还能以美丽的浦江两岸为背景举办各种展会和活动，带给你完全不同的视听感受和前所未有的身心震撼。

（3）97F 观光天桥：高 439 米，犹如一道浮在空中的天桥，身处其中，仿佛漫步天际，开放式的玻璃顶棚设计令你在仰望天际的同时，尽情呼吸最清新的空气，蓝天白云触手可及，人与自然在这里融为一体。

（4）100F 观光天阁：位于 474 米高度，100F 高空的观光天阁是一条长约 55 米的悬空观光长廊，为目前世界上最高的观光设施，内设三条透明玻璃地板，走在上面还能体验一回"会当凌绝顶，一览众山小"的豪情快意。

（5）上海环球金融中心有四个最高：

• 人可达到高度世界第一：474 米，大楼 100 层的观光天阁是世界上人能到达的最高观景平台。

• 世界最高中餐厅：416 米，设在 93 层的中餐厅，是全球最高中餐厅。

• 世界最高游泳池：366 米，设在 85 层的游泳池，夺得"世界最高游泳池"称号。

• 世界最高酒店：设在大楼 79 至 93 层的柏悦酒店，成为世界最高酒店。

### 7.6.3 上海中心大厦

这是中国第一高楼，主楼为 127 层，高度 632 米。工程期限是 2008-2014 年，位于上海浦东区陆家嘴地块。它与已建成的金茂大厦、上海环球金融中心将构成上海陆家嘴地区的塔尖天际线。

上海中心大厦的占地面积 3.04 万平方米，容积率为 12.5，项目建成后，总建筑面积将达到 55.88 万平方米——远远超过毗邻的环球金融中心（38 万平方米）。不过，在总建筑面积中，上海中心大厦的地上建筑面积约为 37.97 万平方米，地下建筑面积达到约 17.92 万平方米（包括地下停车库面积约 1 万平方米，2000 个停车位）。另外，上海中心大厦规划有 5 层的裙房，高度约 35 米。上海中心大厦的开发建设和运营，由上海中心大厦建设发展有限公司负责。

上海中心大厦，是首次在软土地基上建造重达 85 万吨的绿色环保建筑。大厦旋转、不对称的外部立面可使风载降低 24%，减少大楼结构的风力负荷；双层表皮内外立面间的空中中庭形成了独立的生物气候区，可以改善大厦内空气质量，创造宜人的休息环境；创新的幕墙技术与传统的直线型建筑相比眩光度降低了 14%；大厦螺旋顶端可以用来收集雨水，进行回收利用；大厦顶部将安装风力涡轮发电机，为建筑提供绿色电能。

上海中心项目的规划方案投标始于 2005 年 4 月，前后历时三年多，共进行了三轮，十多家国际及国内一流的设计单位参与了这一方案的竞标。2008 年 4 月 24 日，上海中

图 7-11　上海中心及相邻建筑

心的最后两个候选方案曝光——龙型方案和尖顶型方案。最终，上海中心确定了"龙型"外观方案。该方案来自美国 GENSLER 事务所，建筑外观宛如一条盘旋升腾的巨龙，"龙尾"在大厦顶部盘旋上翘，"其优势在于顶端可以借由天线，进一步攀高。"现在举国上下和世界都在翘首等待着这座世界第二、中国第一高度的摩天楼的诞生（图 7-11）。

（本章资料来源参见百度网、新浪网以及现场参观体会和各类杂志报道）

# 第**8**章 世界建筑的新动向

在新近几十年中,国际建筑运动最让人称道的主要是两方面的活动:
2012 年的伦敦奥运会场馆,和阿联酋迪拜出现的一系列新摩天楼,它
们都以超常规的方式吸引着世界的眼球,这当然也是值得建筑界关注的
动向。

## 8.1 2012 伦敦奥运会新场馆

2012 年伦敦奥运会的比赛场馆包含了新建场馆、已建成的场馆,以
及英国一些著名的景点中设置的临时场地。伦敦奥组委坚持可持续发展
的理念,临时场馆在奥运会后将被拆除,所用建材和其他设备将在奥运
会结束后在英国其他地区重新使用。而新建的永久性场馆也将成为伦敦
奥运会为英国留下的宝贵遗产,为当地的社区服务。许多场馆都使用了
最新的科学技术,并使用环保材料建成,且通过设计增加自然光的利用,
把科技和环保完美结合了在一起。伦敦奥运会的比赛将在 34 个体育场
馆举行,其中 14 个新建体育馆中有 8 个临时场馆,6 个永久性场馆。其
中奥林匹克体育场、水上运动中心、篮球馆、小轮车赛道、曲棍球中心、
自行车馆、水球馆和手球馆坐落于奥林匹克公园内。

### 8.1.1 伦敦奥林匹克体育场(Olympic Stadium)

位置在奥林匹克公园南边。可在这里进行的比赛项目有奥运会和残
奥会的田径比赛和开闭幕式,座位数共 80000 个。

体育场顶部采用了剩余的废气管道进行建设,这足以证明奥运会通
过"减少浪费、重复使用和循环利用"的方法达到了可持续发展。体育
场底部的设计中也减少使用了钢筋和混凝土。

奥林匹克体育场位于奥林匹克公园南边一座"岛"上,三面环水,
观众可通过五座桥梁前往体育场。

在奥运会期间,该体育场可容纳 80000 名观众,其中下层的 25000
座椅为永固定座椅,上层的 55000 座椅可在奥运会后移除。

体育场内为运动员设有更衣室、医务室以及 60 米长的热身赛道。体
育场外还设有服务站、小吃店和其他商店。

体育场设计灵活多变,可以符合多项赛事的不同要求。奥林匹克体
育场在奥运会结束后将继续作为田径体育场,此外也将举办文化和社区
活动,从而成为奥运会永久的遗产。

图 8-1　伦敦　奥运会主体育场

在 2011 年 2 月 11 日，奥林匹克公园遗产委员会已选择西汉姆联队，作为伦敦奥运会后奥林匹克体育场的新主人（图 8-1）。

### 8.1.2　奥林匹克水上运动中心（Aquatics Centre）

位置在奥林匹克公园东南角。比赛项目：跳水、游泳、花样游泳、残奥会游泳比赛以及现代五项中的游泳比赛。场馆内座位数为 17500（原有 3000 座位）。

水上运动中心于 2008 年投入建设，由著名建筑师扎哈·哈迪德设计，造型新颖，体育馆最主要的特色是其十分壮观的波浪式屋顶，长 160 米，宽 80 米，其跨度比伦敦希斯罗机场的 5 号航站楼还长。

在奥运会期间，大多数的观众坐在水上运动中心临时搭建的两翼座席观看比赛。奥运会结束之后就拆除两翼看台。

水上运动中心内部包括一个 50 米长的泳池、一个 25 米长的跳水池、一个 50 米长的热身泳池以及专门为跳水运动员设置的热身区。在该水上运动中心附近的临时水球馆作为水球比赛区，也设有比赛泳池和热身泳池。奥运会结束后，水上运动中心将为当地社区、俱乐部以及学校提供服务，临时设施将全部拆除（图 8-2）。

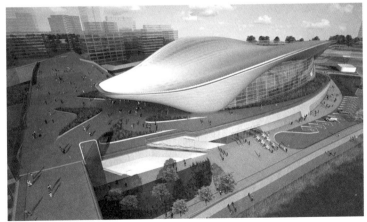

图 8-2　伦敦　奥运会水上活动中心

### 8.1.3　奥林匹克自行车馆（Velodrome）

位置在奥林匹克公园北部。比赛项目：场地自行车。室内座位数：6000 个。

自行车馆于 2008 年投建，2011 年竣工。随后，自行车馆交付给伦敦奥委会安装场内设施。从设计到施工角度来看，自行车馆是奥林匹克公园中最可持续发展的场馆，这种可持续性的理念在场馆建设的各种选择中随处可见。自行车赛道的地板和外包层所使用的木质都由森林管理委员会认证，所安装的场馆通风系统也是 100% 纯天然。这使得场馆内的通风能创造适宜自行车比赛完美温度，并且不需要安装空调（图 8-3）。

## 8.2　迪拜的摩天楼与城市建设

位于亚洲的小国阿联酋，在 21 世纪初却在建筑活动方面做出了令世人注目的壮举。作为一座新城市，迪拜从一处荒漠一变而成为世界知名的旅游城市，高层的摩天楼林立，奢华的酒店、商场以及各种公共活动场所，都是以世界顶级标准建造。它几乎已创造了人类的奇迹，这说明着这个石油王国的经济转型，让我们拭目以待。

### 8.2.1　哈利发塔（Burj Khalifa Tower，原名迪拜塔）

位于阿拉伯联合酋长国的迪拜城。它是一幢 162 层，总高 828 米的摩天大楼。哈利发塔 2004 年 9 月 21 日开始动工，2010 年 1 月 4 日竣工，是当前世界第一高楼与人工构造物，造价达 70 亿美元。

哈利发塔原名迪拜塔，是阿联酋副总统兼总理、迪拜酋长谢赫穆罕默德·本·拉希德·阿勒马克图姆，以阿联酋总统哈利发之名重新命名迪拜塔的，原因乃是感念哈利发总统的金援救火，让迪拜塔渡过了经济危机。

　　哈利发塔的设计单位是美国 SOM 公司的阿德里安·史密斯（Adrian Smith）。施工单位是韩国三星公司。景观部分则由美国 SWA 进行设计。摩天楼周围的配套设施很多，如一片公寓楼、商场、公共娱乐建筑等等，都促使了迪拜城迅速地发展。哈利发塔本身远看就像一把擎天宝剑倒插在大地上，它的剑锋直指苍宇。

　　哈利发塔 37 层以下全是酒店、餐厅等公共服务设施场所，世界上首家 Armani 酒店也入驻其中，位于 1–8 层和 38–39 层。此外 45 层至 108 层则作为公寓。第 123 层则是一个观景台，站在上面可俯瞰整个迪拜市。

　　哈利发塔建筑群为包含 30000 户与 9 间饭店的一个综合计划中心，此方案还包含迪拜购物中心、湖上饭店与服务公寓、19 栋住宅大楼、2.5 公顷的公园与一个 12 公顷大的迪拜湖。它投资计划将达 200 亿美元。迪拜将要由石油中心而迅速向旅游城市转型。迪拜目前有 226 万的人口，它将被打造为世界一流的旅游城市。

　　哈利发塔外观设计为伊斯兰教建筑风格，平面为"Y"字形，并由三个建筑部分逐渐连贯成一核心体，从沙漠上升，以上螺旋的模式直往天际。至顶上，中央核心逐转化成尖塔，Y 字形的楼面也使得哈利发塔有较大的视野享受。106 楼以上的楼层将为办公室与会议室。106 楼以上的楼层将为办公室与会议室，124 楼设计为观景台（约 442 米高）。建筑内有 1000 套豪华公寓，周边还有配套的酒店、住宅、公寓、商务中心等项目。哈利发塔内也包含了蒂森克虏伯制造的世界最快电梯，速度达 17.5 米 / 秒。在此之前，世界最快的电梯是在中国台湾的台北 101 大楼内（16.8 米 / 秒）（图 8–4）。

### 8.2.2　阿拉伯塔酒店（Burj Al-Arab）

　　又称迪拜帆船酒店，位于阿拉伯联合酋长国迪拜酋长国的迪拜市，为全世界最豪华的酒店，该酒店又称之为"阿拉伯之星"，曾是世界上第一家 7 星级酒店。建筑高度 321 米，开业时间是 1999 年 12 月，设计师是英国汤

图 8–4　迪拜　哈里发塔

图 8-5　迪拜　帆船酒店

姆·赖特（Tom Wright）。阿拉伯塔最初的创意是由阿联酋国防部长、迪拜王储阿勒马克图姆提出的,希望建造一座地标式的建筑。经过 5 年时间,终于在海滨的一处人工岛上建造了这座帆船形的塔状建筑作为酒店。建筑一共 56 层,客房面积从 170 平方米到 780 平方米不等,最低的房价 900 美元一夜,最贵的 12000 美元一夜。酒店房价虽然不菲,客源却依然踊跃。"不怕价高,只怕货差",这句名言在迪拜再次得到了印证。而今,该酒店已升级为世界 8 星级酒店之一。

　　帆船酒店远看犹如坐落在海中,水天一色,奢侈之极,具有梦幻般的特色,是金钱与高科技圆满结合的成果（图 8-5）。

　　（本章资料来源参见百度网、新浪网以及各类杂志报道）

# 参考文献

[1] Thea and Richard Bergere. From Stone to Skyscrapers，New York：Dodd，Mead and Company，1960.

[2] Sigfried Giedion. Space，Time and Architecture，5th ed. Cambridge：Harvard University Press，1980.

[3] Charles Jencks. Architecture Today. New York：Harry N.Abrams，1988.

[4] Laurence G. Liu. Chinese Architecture. London：Academy Editions，1989.

[5] Andreas C. Papadakis. The New Modern Aesthetic. New York：Matin's Press，1990.

[6] Charles Jencks. New Moderns. London：Academy Editions，1990.

[7] Peter Gössel，Gabriele Leuthäuser. in the Twentieth Century. Köln：Benedikt Taschen，1991.

[8] Dan Cruickshank. Sir Banister Fletcher's A History of Architecture，20th ed. Oxford：Architectural Press，1996.

[9] Diane Ghirardo. Architecture after Modernism. London：Thames &Hudson，1996.

[10] James Steele. Architecture Today. London：Phaidon Press Limited，1997.

[11] Philip Jodidio. New Forms. Köln：Taschen，1997.

[12] 同济大学、南京工学院．外国建筑史图集（古代部分）．上海：同济大学出版社，1978.

[13] 刘敦桢主编．中国古代建筑史．北京：中国建筑工业出版社，1980.

[14] 陈志华．外国建筑史（19世纪末叶以前）．北京：中国建筑工业出版社，1981.

[15] 同济大学、清华大学、南京工学院、天津大学．外国近现代建筑史．北京：中国建筑工业出版社，1982.

[16] 潘谷西主编．中国建筑史．北京：中国建筑工业出版社，1982.

[17] 中国大百科全书——建筑·园林·城市规划卷．北京：中国大百科全书出版社，1988.

[18] 刘先觉，武云霞．历史·建筑·历史——外国古代建筑史简编．徐州：中国矿业大学出版社，1994.

[19] 刘先觉．建筑艺术的语言．南京：江苏教育出版社，1996.

[20] 吴焕加．20世纪西方建筑史．郑州：河南科学技术出版社，1998.

[21] 相关网络资料以及各类专业杂志报道．

**图书在版编目（CIP）数据**

中外建筑艺术/刘先觉编著，杨晓龙参编. —北京：中国建筑工业
出版社，2014.6

普通高等教育土建学科专业"十二五"规划教材

高校建筑学专业规划推荐教材

ISBN 978-7-112-16215-4

Ⅰ.①中… Ⅱ.①刘… ②杨… Ⅲ.①建筑艺术－世界－高等学校-教材
Ⅳ.①TU-8

中国版本图书馆CIP数据核字（2014）第016820号

责任编辑：陈　桦　王　惠
责任设计：张　虹
责任校对：姜小莲　陈晶晶

普通高等教育土建学科专业"十二五"规划教材
高校建筑学专业规划推荐教材

**中外建筑艺术**

刘先觉　编著

杨晓龙　参编

＊

中国建筑工业出版社出版、发行（北京西郊百万庄）

各地新华书店、建筑书店经销

北京京点图文设计有限公司制版

北京画中画印刷有限公司印刷

＊

本　：787×1092毫米　1/16　印张：11¼　插页：2　字数：280千字

　　　4 月第一版　2014 年 4 月第一次印刷

　　　　　元

　　　　　2-16215-4

社退换

175